FORSCHUNGSBERICHTE DES LANDES NORDRHEIN-WESTFALEN

Nr. 1262

Herausgegeben

im Auftrage des Ministerpräsidenten Dr. Franz Meyers

von Staatssekretär Professor Dr. h. c. Dr. E. h. Leo Brandt

DK 621.392.4

Prof. Dr. Hubert Cremer

Dr. Friedrich Heinz Effertz

Dr. Karl Hermann Breuer

Institut für Mathematik und Großrechenanlagen der

Rhein.-Westf. Techn. Hochschule Aachen

Zur Synthese zweipoliger elektrischer Netzwerke mit vorgeschriebenen Frequenzcharakteristiken

WESTDEUTSCHER VERLAG · KÖLN UND OPLADEN 1964

ISBN 978-3-663-06622-4   ISBN 978-3-663-07535-6 (eBook)
DOI 10.1007/978-3-663-07535-6

Verlags-Nr. 011262

© 1964 by Westdeutscher Verlag, Köln und Opladen

Gesamtherstellung: Westdeutscher Verlag

Inhalt

Einleitung und Inhaltsübersicht

In der vorliegenden Arbeit wird zusammenfassend über Untersuchungen zur Analyse und Synthese elektrischer Netzwerke berichtet.

Im ersten Abschnitt wird die Berechnung des Frequenzverhaltens vorgegebener elektrischer Netzwerke dargestellt. Zur Durchführung dieser Analyse elektrischer Netzwerke wird zunächst die topologische Struktur elektrischer Netzwerke mit Hilfe der kombinatorischen Topologie der Streckenkomplexe untersucht. Daran anknüpfend werden die elektrodynamischen Vorgänge in einem Netzwerk durch ein System simultaner Differentialgleichungen gekennzeichnet. Die Integration des Differentialgleichungssystems führt auf ein algebraisches Gleichungssystem mit frequenzabhängiger Koeffizientenmatrix.

Die Elemente der charakteristischen Funktionenmatrix des Netzwerkes, die Frequenzcharakteristiken, beschreiben vollständig das Frequenzverhalten der betrachteten 2m-poligen Schaltung. Es gelingt, die Frequenzcharakteristiken in expliziter Weise durch Unterdeterminanten der genannten Koeffizientenmatrix darzustellen. Dieses Ergebnis enthält als Sonderfall eine entsprechende Darstellung von W. Cauer für Vierpole ($m = 2$).

Für die Synthese elektrischer Netzwerke, d. h. den Entwurf von Schaltungen mit vorgegebenem Frequenzverhalten, sind die funktionentheoretischen Eigenschaften der Frequenzcharakteristiken von grundlegender Bedeutung. Im zweiten Abschnitt wird gezeigt, daß die Theorie der beschränkten analytischen Funktionen auf die Frequenzcharakteristiken elektrischer Netzwerke anwendbar ist und zu neuen Ergebnissen und Verallgemeinerungen bekannter Theoreme in der Theorie elektrischer Netzwerke führt.

Aus Untersuchungen von Carathéodory werden kennzeichnende Koeffizientenbedingungen für die Frequenzcharakteristiken gewonnen. Eine geometrisch einfach charakterisierbare Klasse der Carathéodory-Funktionen erweist sich nach Durchführung einer Transformation als identisch mit den Reaktanzfrequenzcharakteristiken. Eine Darstellung für singuläre Carathéodory-Funktionen führt zu einer Verallgemeinerung des Reaktanztheorems von R. M. Foster.

Ein neuer Algorithmus und ein neues Klassifikationsprinzip für Funktionen mit nichtnegativem Realteil werden bewiesen. Der mitgeteilte Algorithmus enthält die in der Netzwerksynthese verwendeten Algorithmen von A. Fialkow – I. Gerst, R. Bott – R. J. Duffin und P. Richards als Sonderfälle. Durch Spezialisierung gewinnt man nach linearen Transformationen auch den bekannten Landau–Schurschen Algorithmus für beschränkte Potenzreihen.

Nach einer zusammenfassenden Darstellung der Eigenschaften und Charakterisierungen der Schur-Funktionen wird ein Verfahren zur Prüfung des Realisierbarkeitscharakters einer vorgegebenen Funktion entwickelt und eine Verallgemeinerung eines Satzes von W. CAUER und B. D. H. TELLEGEN mitgeteilt. Für elektrische Netzwerke mit nur zwei Widerstandsarten wird ein allgemeiner Zusammenhang zwischen ihren Frequenzcharakteristiken und Hurwitzpolynomen nachgewiesen. Die Reduktionsalgorithmen für Hurwitzpolynome von J. SCHUR und H. BÜCKNER sowie das Bücknersche Integral für die Stabilitätsgüte von Regelungssystemen werden in überraschend einfacher Weise mit Hilfe von Reaktanznetzwerken gedeutet.

Im dritten Kapitel werden neuere Verfahren zur Synthese zweipoliger elektrischer Netzwerke im Hinblick auf ihren Aufwand an Schaltelementen untersucht. Ein neues Syntheseverfahren für Klassen der Frequenzcharakteristiken elektrischer Netzwerke wird beschrieben.

Abschließend wird kurz über die Charakterisierungsmöglichkeit der Frequenzcharakteristiken durch Angabe der zulässigen Variabilitätsbereiche ihrer Koeffizienten in einem »Realisierbarkeitsdiagramm« berichtet. Auf eine ausführliche Darstellung dieser Zusammenhänge im Ergänzungskapitel zur amerikanischen Ausgabe des Werkes von W. CAUER »Theorie der linearen Wechselstromschaltungen« wird verwiesen. (EFFERTZ, F. H., On the relation between the stability boundary surfaces of linear and nonlinear servomechanisms and the realizability boundary surfaces of some classes of frequency charakteristics of electrical networks, in: CAUER, W., Synthesis of linear communication networks, Vol. II, p. 840–856.)

Das Problem der Realisierbarkeitskriterien für die Synthese zweipoliger elektrischer Netzwerke unter Berücksichtigung der Verluste von Spulen und Kondensatoren wird im folgenden Forschungsbericht 1263 gesondert behandelt und gelöst.

1. Zur Analyse elektrischer Netzwerke

1.1 Die Aussagen der kombinatorischen Topologie der Streckenkomplexe zur Struktur einer Schaltung

Es sei in der Ebene oder im Raum eine endliche Punktmenge $\mathfrak{M}$ gegeben, der eine endliche Menge $\mathfrak{M}'$ derart zugeordnet wird, daß jedem Element aus $\mathfrak{M}'$ ein Paar von verschiedenen, geordneten Elementen aus $\mathfrak{M}$ entspricht, so daß kein Element aus $\mathfrak{M}$ ausgelassen wird. Die Elemente von $\mathfrak{M}'$ heißen Zweige. Die Gesamtheit der Elemente beider Mengen bildet den Streckenkomplex. Da die Menge der Zweige eine Menge von geordneten Punktepaaren ist, spricht man auch von einem orientierten Streckenkomplex.

Eine geometrische Deutung benutzend, sei ein Zweig die orientierte Verbindungslinie zweier verschiedener Punkte. Der Streckenkomplex sei als zusammenhängend vorausgesetzt, d. h., es sei jeder Punkt mit mindestens einem anderen Punkt durch mindestens einen Zweig verbunden. Ein Punkt hat den Index $i-2$, wenn von ihm insgesamt i Zweige ausgehen und enden. Punkte vom Index -1 (Endpunkte) und vom Index 0 seien im allgemeinen ausgeschlossen. Punkte vom Index größer oder gleich 1 heißen Knoten. Ist k_{i-2} die Anzahl der Punkte vom Index $i-2$, so ist die Anzahl der Zweige $l = \frac{1}{2} \sum_{i=3}^{m+2} i k_{i-2}$, wenn m der größte vorkommende Index ist.

Da l eine ganze Zahl ist, muß die Anzahl der Knoten von ungeradem Index gerade sein.

Ein orientierter Streckenkomplex läßt sich durch die Incidenzmatrix $M = \| m_{rs} \|$ beschreiben, deren Elemente m_{rs} die Werte $+1$, -1 oder 0 haben, je nachdem der Zweig s im Knoten r endet, beginnt oder den Knoten r gar nicht berührt.

Eine zyklische Folge von Zweigen derart, daß jeder folgende Zweig in dem Knoten beginnt, in dem der vorhergehende endet, heißt Zweigfolge. Je nachdem der Endpunkt des letzten Zweiges der Folge mit dem Anfangspunkt des ersten Zweiges zusammenfällt oder nicht, heißt die Zweigfolge geschlossen oder offen. Eine geschlossene Zweigfolge, die jeden Zweig nur einmal enthält und jeden Knoten nur einmal berührt, wird Kreis genannt. Eine offene Zweigfolge, die jeden Zweig nur einmal enthält und jeden Knoten nur einmal berührt, heißt Weg. Ein Streckenkomplex, für dessen Knoten ein und nur ein Weg existiert, heißt ein Baum. Ein Baum enthält keinen Kreis, und die Anzahl k der Knoten eines Baumes ist um eins größer als die Anzahl l der Zweige. Jeder endliche zusammenhängende Streckenkomplex enthält einen baumförmigen Teilstreckenkomplex mit den gleichen Knoten. Ein solcher Teilstreckenkomplex heißt vollständiger Baum. Das Aussondern eines vollständigen Baumes aus einem Streckenkomplex ist im allgemeinen auf verschiedene Weisen möglich; die Anzahl der Zweige des komplementären Teilstreckenkomplexes, der System unabhängiger Zweige genannt werden soll, ist stets gleich, nämlich $n = 1 - k + 1$, wenn 1 die Anzahl der Zweige des Streckenkomplexes und k die Anzahl der Knoten bedeutet. Hat umgekehrt ein Teilstreckenkomplex B eines Streckenkomplexes S die drei folgenden Eigenschaften: 1) B ist zusammenhängend, 2) B besitzt dieselben Knoten wie S, und 3) B enthält keinen Kreis, so ist B ein vollständiger Baum.

Ist B ein vollständiger Baum eines Streckenkomplexes S und s_ν irgendein Zweig des Systems unabhängiger Zweige, so gibt es einen und nur einen Kreis K_{s_ν} aus S, der den Zweig s_ν enthält und dessen übrige Zweige dem vollständigen Baum B angehören. Die auf diese Weise den n Zweigen eines Systems unabhängiger Zweige zugeordneten Kreise bilden das zum vollständigen Baum gehörige Fundamentalsystem von Kreisen. Es sei die Orientierung der Kreise eines Fundamentalsystems so festgesetzt, daß sie mit der Orientierung der in ihnen ausgezeichneten Zweige des Systems unabhängiger Zweige übereinstimmt. Ferner soll jeder Kreis die Nummer dieses gezeichneten Zweiges erhalten.
Jedem orientierten Teilstreckenkomplex S' eines Streckenkomplexes S läßt sich eine lineare Form $L = \sum\limits_{s} c_s i_s$ zuordnen, wobei c_s die Werte $+1$, -1 oder 0

hat, je nachdem der Zweig s in S' dieselbe, die entgegengesetzte Richtung wie in S hat oder S' gar nicht angehört und i_s eine dem Zweig s zugeordnete Veränderliche bedeutet. Werden gewisse Zweige s_ν bei einmaliger Durchlaufung von S' mehrfach berührt, so gibt c_{s_ν} die Differenz der Anzahl der Durchlaufungen im positiven und im negativen Sinn an. Ist der Teilstreckenkomplex S' ein Kreis p, so nennen wir

$$\overset{*}{\varkappa}_p = \sum\limits_{s} \overset{*}{\gamma}_{sp} i_s \qquad (p = 1, 2, \ldots)$$

die zum Kreis gehörige Kreisform. Die $\overset{*}{\gamma}_{sp}$ geben die Verknüpfung des Zweiges s mit dem Kreis p wieder. Ist insbesondere p ein Kreis eines Fundamentalsystems, so schreiben wir die Fundamentalkreisform

$$\varkappa_p = \sum\limits_{s} \gamma_{sp} i_s \, .$$

Da jeder Zweig s eines Fundamentalkreises nur einmal durchlaufen wird, gilt $|\gamma_{sp}| = \{ {1 \atop 0} \, .$
Die Matrix Γ der Koeffizienten γ_{sp} der Fundamentalkreisform heißt Kanten-Zyklen-Matrix.

Eine lineare Form $L = \sum\limits_{s} c_s i_s$, die einen Teilstreckenkomplex S' aus S bestimmt, läßt sich dann und nur dann durch Kreisformen homogen linear ausdrücken, wenn

$$\sum\limits_{s} m_{rs} c_s = 0$$

ist für alle Knoten r. Speziell gilt, wenn S' ein Kreis ist: Eine lineare Kreisform

$$\overset{*}{\varkappa}_p = \sum_s \overset{*}{\gamma}_{sp} \overset{\cdot}{i}_s$$

läßt sich dann und nur dann durch Fundamentalkreisformen homogen linear ausdrücken

$$\overset{*}{\varkappa}_p = \sum_{\nu=1}^{n} \overset{*}{\gamma}_{s_\nu p} \varkappa_{s_\nu} ,$$

wobei die s_ν $(\nu = 1, 2, \ldots, n)$ die Zweige eines Systems unabhängiger Zweige und $\varkappa_{s_\nu}$ die zugehörigen Fundamentalkreisformen bedeuten, wenn die Bedingung

$$\sum_s m_{rs} \overset{*}{\gamma}_{sp} = 0$$

für alle Knoten r erfüllt ist.

Somit charakterisiert jede ganzzahlige Lösung $c_s = \gamma_{sp}$ $(s = 1, 2, \ldots, l)$ des Gleichungssystems

$$\sum_{s=1}^{l} m_{rs} c_s = 0 \qquad (r = 1, 2, \ldots, k) \tag{1}$$

einen Kreis. Das System der Fundamentalkreisformen bildet eine Basis für das System der Kreisformen; denn jede Kreisform läßt sich durch Elemente aus dem System der Fundamentalkreisformen darstellen. Dieses besitzt kein echtes Teilsystem, so daß sich Fundamentalkreisformen durch Elemente dieses Teilsystems ausdrücken ließen; denn jede Kreisform eines Fundamentalsystems besitzt eine Variable, die in keiner anderen Form des Systems vorkommt, nämlich die, die dem ausgezeichneten Zweig des Systems unabhängiger Zweige entspricht.
Bezeichnet man mit M_B die Matrix, die aus der Incidenzmatrix M durch Streichen der letzten Zeile hervorgeht und die nur die Spalten aus M enthält, die den Zweigen eines vollständigen Baumes zugeordnet sind, so ist die Determinante $|M_B|$ stets von Null verschieden. Da ferner jede Determinante k-ter Ordnung aus M verschwindet, hat die Incidenzmatrix M den Rang $k - 1$. In dem Gleichungssystem (1) sind daher $n = 1 - k + 1$ Variable voneinander unabhängig frei wählbar, und die übrigen lassen sich homogen linear durch diese ausdrücken.

Wir fordern im folgenden, daß die Zweigvariablen i_s die Gleichungen

$$\sum_{s=1}^{l} m_{rs} i_s = 0 \qquad (r = 1, 2, \ldots, k) \tag{2}$$

erfüllen. Die unabhängig voneinander wählbaren Zweigvariablen $i_s = j_s$ $(s = 1, 2, 3, \ldots, n = l - k + 1)$ ordnen wir den Zweigen des Systems unabhängiger Zweige zu. Wegen der damit verabredeten Numerierung der Zweigvariablen gilt

$$\gamma_{sp} = \delta_{sp} = \begin{cases} 1 & \text{für} \quad s = p \\ 0 & \text{für} \quad s \neq p \end{cases} \qquad (s, p = 1, 2, \ldots, n).$$

Die abhängigen Zweigvariablen i_s erhält man aus den unabhängigen j_s gemäß

$$i_s = \sum_{p=1}^{n} \gamma_{sp} j_p \qquad (s = n + 1, n + 2, \ldots, l). \tag{3}$$

Wegen

$$\sum_s m_{rs} \gamma_{sp} = 0$$

stellen die Spalten der Γ-Matrix ein Fundamentalsystem von Lösungen des Gleichungssystems (2) dar, und Incidenz- und Kantenzyklenmatrix sind durch die Beziehung

$$M\Gamma = 0 \tag{4}$$

verknüpft.

Bemerkenswert ist noch der Zusammenhang zwischen der M- und Γ-Matrix

$$\Gamma = \left\|\begin{array}{cc} & E \\ - M_B^{-1} & M^* \end{array}\right\|,$$

wobei M^* eine Matrix ist, die durch Streichung der k-ten Zeile und $(n + 1)$-ten, $(n + 2)$-ten, $\ldots$, l-ten Spalte von M entsteht, und E die n-te Einheitsmatrix bedeutet.

Wird jeder Zweig s eines Streckenkomplexes durch einen Leiter ersetzt, der im allgemeinen eine Induktivität l_{ss}, einen Ohmschen Widerstand R_s und einen Kondensator C_s in Reihe geschaltet enthält, und der außerdem mit jedem anderen Leiter t durch Gegeninduktivitäten $l_{st} = l_{ts}$ gekoppelt sein kann, so spricht man von einer Schaltung, wenn noch bestimmte Zweige (der Ausdruck »Zweig« sei auch für Leiter mit Schaltelementen weiter beibehalten) dadurch ausgezeichnet sind, daß in ihnen elektromotorische Kräfte wirken. Den Zweigen seien Funktionen $i_s(t)$, die Zweigströme, zugeordnet, die den Kirchhoffschen Knotenpunktsgleichungen (2) genügen sollen. Es wird vorausgesetzt, daß die elektromotorischen Kräfte nur in Zweigen des Systems unabhängiger Zweige wirken, entsprechend der Unabhängigkeit von n der $i_s(t)$. Wirken in insgesamt m Zweigen des Systems unabhängiger Zweige elektromotorische Kräfte, wobei $m \leqq n = 1 - k + 1$ ist, so spricht man von einem 2m-Pol. Die m Zweige werden dadurch besonders ausgezeichnet, daß sie in zwei freiendigende Zweige zerlegt werden, deren Endpunkte vom Index $- 1$ Klemmen oder Pole heißen. Mit $V_i(t)$ wird das Potential des i-ten Knotens gegenüber dem willkürlich zu Null angenommenen Potential des k-ten Knotens bezeichnet. Damit ist eine Schaltung durch folgende Angaben charakterisiert:

1. Anzahl 2m der Pole.

2. Die Angabe eines bis auf m Zweige nicht orientierten Streckenkomplexes, d. h. einer Incidenzmatrix M, bei der ein Faktor ± 1 in den Spalten, die den nicht ausgezeichneten Zweigen entsprechen, noch willkürlich ist.

3. Die Angabe der den Spalten der Incidenzmatrix zugeordneten Zahlen

$$l_{ss} \geqq 0, \quad R_s \geqq 0, \quad C_s \geqq 0.$$

4. Die Angabe der, der s-ten und t-ten Spalte zugleich zugeordneten Größen $l_{st} = l_{ts}$ (s $\neq$ t), die der Bedingung

$$\sum_{s,t=1}^{l} l_{st} i_s i_t \geqq 0 \qquad \text{für beliebige } i_s$$

genügen müssen und deren Vorzeichen nach Orientierung des s-ten und t-ten Zweiges eindeutig bestimmt sind.

1.2 Beschreibung elektrischer Netzwerke durch Differentialgleichungssysteme

Die elektrodynamischen Vorgänge in elektrischen Netzwerken werden durch das Differentialgleichungssystem

$$\frac{d}{dt}\left(\frac{\partial W}{\partial \dot{q}_s}\right) + \frac{\partial F}{\partial \dot{q}_s} + \frac{\partial U}{\partial q_s} = \frac{\partial V}{\partial q_s} + \sum_{r=1}^{k-1} \overline{V}_r \frac{\partial M_r}{\partial \dot{q}_s} \qquad (s = 1, 2, \ldots, l) \qquad (5)$$

mit

$$W = \tfrac{1}{2} \sum_{s,t=1}^{l} l_{st} \dot{q}_s \dot{q}_t$$

$$F = \tfrac{1}{2} \sum_{s=1}^{l} R_s \dot{q}_s^2$$

$$U = \tfrac{1}{2} \sum_{s=1}^{l} \frac{1}{C_s} q_s^2$$

$$V = \sum_{s=1}^{m} e_s q_s$$

$$M_r = \sum_{s=1}^{l} m_{rs} \dot{q}_s$$

$$\overline{V}_r = - V_r, \quad \dot{q}_s = i_s$$

beschrieben. Die e_s (s $= 1, 2, \ldots,$ m) sind die in m Zweigen des Systems unabhängiger Zweige wirkenden elektromotorischen Kräfte.

Das Differentialgleichungssystem (5) ist invariant gegenüber linearen nichtsingulären Transformationen

$$q_s(t) = \sum_{p=1}^{l} t_{sp} q_p(t) \qquad (s = 1, 2, \ldots, l).$$

Schreibt man das simultane Differentialgleichungssystem (5) in der Form

$$\mathfrak{B}\mathfrak{q} + M'V - c$$

mit der Incidenzmatrix M, den Spaltenmatrizen

$$q = \|q_s\| \qquad (s = 1, 2, \ldots, l),$$
$$V = \|V_r\| \qquad (r = 1, 2, \ldots, k-1),$$
$$e = \|e_t\| \qquad (t = 1, 2, \ldots, n)$$

und der Operatormatrix

$$\mathfrak{B} = \left\| l_{is} d^2 + \left(R_i d + \frac{1}{C_i} \right) \delta_{is} \right\|$$

mit den Abkürzungen

$$d \cdot q_s = \dot{q}_s, \quad d^2 \cdot q_s = \ddot{q}_s,$$

so erhält man durch die Transformation der Zweigströme i_s auf die Kreisströme j_s mittels der topologischen Verknüpfung γ_{st}, wenn wegen der Invarianz der Leistung Ströme und Spannungen kontragredient transformiert werden, mit

$$q = \Gamma Q, \quad U = \Gamma' e, \quad V = \Gamma \mathfrak{v}$$

das Gleichungssystem

$$\Gamma' \mathfrak{B} \Gamma Q + (M \Gamma)' \, \Gamma \mathfrak{v} = U$$

und wegen (4)

$$\Gamma' \mathfrak{B} \Gamma Q = U . \qquad (6)$$

Setzt man

$$\mathfrak{A} = \Gamma' \mathfrak{B} \Gamma ,$$

so gilt

$$a_{ik} = \sum_{r,\,s=1}^{l} b_{rs} \gamma_{ri} \gamma_{sk} ,$$

und damit erhält man den Zusammenhang der Zweigkonstanten l_{st}, R_s und C_s mit den Kreiskonstanten L_{ik}, R_{ik} und C_{ik}:

$$L_{ik} = \sum_{r,\,s=1}^{l} l_{rs} \gamma_{ri} \gamma_{sk}$$

$$R_{ik} = \sum_{s=1}^{l} R_s \gamma_{si} \gamma_{sk}$$

$$D_{ik} = \frac{1}{C_{ik}} = \sum_{s=1}^{l} \frac{1}{C_s} \gamma_{si} \gamma_{sk} .$$

1.3 Charakteristische Funktionenmatrizen und nichtnegative Funktionen elektrischer Netzwerke

Für das homogene Gleichungssystem nach (6), das sich in der Form

$$\mathfrak{C} \cdot j = 0 \qquad (7)$$

mit der Operatormatrix

$$\mathfrak{C} = L\,\frac{d}{dt} + R + D \int dt$$

und

$$L = \|L_{ik}\|, \quad R = \|R_{ik}\|, \quad D = \|D_{ik}\|$$

schreiben läßt, macht man wie üblich den Ansatz

$$j = \xi e^{pt} \qquad (p = \rho + i\,\omega),$$

der auf die charakteristische Gleichung mit den Wurzeln p_ν und den Eigenvektoren $\xi^{(\nu)}$ ($\nu = 1, 2, \ldots, 2\,n$) führt. Ist der Rang der Matrix

$$\|Lp + R + Dp^{-1}\|$$

gleich r_ν, so kann man $n - r_\nu$ linear unabhängige Eigenvektoren $\xi_\mu^{(\nu)}$ ($\mu = 1, 2, \ldots, n - r_\nu$) bestimmen, und mit

$$\xi^{(\nu)} = \sum_{\mu = 1}^{n - r_\nu} c_\mu\, \xi_\mu^{(\nu)}$$

lautet die Lösung von (7)

$$j = \sum_{\nu = 1}^{2\,n} c_\nu\, \xi^{(\nu)} e^{p_\nu t}, \tag{8}$$

wenn die Wurzeln p_ν alle einfach sind. Ist eine Wurzel p_{ν_1} von der Vielfachheit μ_{ν_1}, so ist in (8) der Summand für $\nu = \nu_1$ durch

$$P_{\mu_{\nu_1}-1}\, \xi^{(\nu_1)} e^{p_{\nu_1} t}$$

zu ersetzen, wobei $P_{\mu_{\nu_1}-1}$ ein Polynom $(\mu_{\nu_1} - 1)$-ten Grades in t ist.

Sind die beiden Formen

$$\sum_{i,\,k = 1}^{n} L_{ik} x_i x_k \quad \text{und} \quad \sum_{i,\,k = 1}^{n} D_{ik} x_i x_k$$

nicht beide zugleich positivsemidefinit, und ist

$$\sum_{i,\,k = 1}^{n} R_{ik} x_i x_k$$

positiv- oder positivsemidefinit, dann haben alle Wurzeln der charakteristischen Gleichung einen nichtpositiven Realteil.

Bei harmonischer Erregung

$$e_s = \begin{cases} U_s e^{pt} & (s = 1, 2, \ldots, m) \\ 0 & (s = m + 1, m + 2, \ldots, n) \end{cases}$$

führt der Ansatz $J_s = I_s e^{pt}$ auf das Gleichungssystem in den komplexen Amplituden

$$\sum_{k=1}^{n} A_{ik} I_k = U_i \qquad (i = 1, 2, \ldots, m)$$

$$\sum_{k=1}^{n} A_{ik} I_k = 0 \qquad (i = m + 1, m + 2, \ldots, n)$$

$$\tag{9}$$

mit

$$A_{ik} = L_{ik} p + R_{ik} + D_{ik} p^{-1} .$$

Verschwindet die Koeffizientendeterminante nicht identisch, so läßt sich (9) nach den I_i auflösen:

$$I_i = \sum_{k=1}^{n} {}' (A^{-1})_{ik} U_k$$

mit $U_k = 0$ für $k > m$.

Da man sich nur für die Wirkung der Schaltung nach außen hin interessiert, für die Ströme und Spannungen in den von außen zugänglichen, besonders ausgezeichneten m Zweigen des Systems unabhängigen Zweige, betrachtet man nur die ersten Gleichungen, die man jetzt in der Form

$$I_i = \sum_{k=1}^{m} Y_{ik} U_k \qquad (i = 1, 2, \ldots, m)$$

schreibt. Die Koeffizientenmatrix $Y(p)$ ist die m-te Hauptabschnittsmatrix von A^{-1} und wird charakteristische Leitwert- oder Admittanzmatrix genannt, die Y_{ik} heißen Frequenzcharakteristiken. Ist mindestens eine der genannten quadratischen Formen positivdefinit, so ist

$$|A_{ik}(p)| \not\equiv 0,$$

und sowohl $Y(p)$ als auch $Z(p) = Y^{-1}(p)$ existieren. Ist in Ausnahmefällen $|A_{ik}(p)| \equiv 0$, so kann eine Z-Matrix existieren. Sind nämlich die Matrizen A_1, A_2, A_3 durch

$$A(p) = \left\| \begin{array}{cc} A_1 & A_2 \\ A_2' & A_3 \end{array} \right\|$$

mit A_1 als m-reihigen Hauptminor von $A(p)$ definiert, so gilt im Falle $|A_3(p)| \not\equiv 0$:

$$Z(p) = A_1(p) - A_2(p) A_3^{-1}(p) A_2'(p).$$

Im Falle $|A_3(p)| \equiv 0$ kann man durch eine passende Transformation mit der Matrix T und Übergang zu einer äquivalenten Schaltung die charakteristische Funktionenmatrix $Z(p)$ in der Form

$$Z(p) = A_1(p) - A_2(p) T (T' A_3(p) T)^{-1} T' A_2'(p)$$

gewinnen.

16

Die Elemente $Z_{st}(p)$ lassen sich bei nichtsingulärem $A(p)$ durch Unterdeterminanten aus $A(p)$ ausdrücken:

$$Z_{st} = (-1)^{s+t} \frac{\begin{vmatrix} A_{st} & A_{m+1,t} & \cdots & A_{nt} \\ A_{s,m+1} & A_{m+1,m+1} & \cdots & A_{n,m+1} \\ \cdot & \cdot & & \cdot \\ \cdot & \cdot & & \cdot \\ \cdot & \cdot & & \cdot \\ A_{sn} & A_{m+1,n} & & A_{nn} \end{vmatrix}}{\begin{vmatrix} A_{m+1,m+1} & A_{m+2,m+1} & \cdots & A_{n,m+1} \\ A_{m+1,m+2} & A_{m+2,m+2} & \cdots & A_{n,m+2} \\ \cdot & \cdot & & \cdot \\ \cdot & \cdot & & \cdot \\ \cdot & \cdot & & \cdot \\ A_{m+1,n} & A_{m+2,n} & \cdots & A_{nn} \end{vmatrix}} \tag{10}$$

Die entsprechenden von W. CAUER angegebenen für Vierpole ($m = 2$) geltenden Beziehungen sind als spezielle Fälle in (10) enthalten.

Eine 2m-polige Schaltung ist bezüglich der von außen zugänglichen Klemmenpaare vollständig durch die charakteristische Funktionenmatrix $Z(p)$ bzw. $Y(p)$ bestimmt. Eine Funktionenmatrix $Z(p)$ des komplexen Frequenzparameters $p = \rho + i\omega$ heißt »darstellbar« oder »realisierbar«, wenn ein 2m-poliges Netzwerk existiert mit $Z(p)$ als charakteristischer Widerstand- oder Leitwertmatrix. Die Darstellbarkeit einer Funktionenmatrix ist nicht eindeutig. Zwei verschiedene Darstellungen einer charakteristischen Funktionenmatrix heißen äquivalent. Nach W. CAUER [1] ist für die Darstellbarkeit notwendig, daß die gegebene m-reihige quadratische symmetrische Funktionenmatrix der komplexen Veränderlichen p aufgefaßt werden kann als Hauptminor (bzw. Inverse eines Hauptminors) einer n-reihigen symmetrischen quadratischen Funktionenmatrix $A^{-1}(p)$, wobei $n \geqq m$ und $A(p) = Lp + R + Dp^{-1}$ eine Funktionenmatrix bedeutet, deren konstante Matrizen L, R und D reelle Elemente und zugeordnete nichtnegativ-definite quadratische Formen in n Variablen besitzen. Dann ist die $Z(p)$ zugeordnete quadratische Form

$$F(p) = \sum_{i,\,k\,=\,1}^{m} Z_{ik}(p)\, x_i x_k \tag{11}$$

eine nichtnegative reelle Funktion. Hierbei sind die x_i und x_k beliebige nicht zugleich verschwindende reelle Zahlen, und eine Funktion heißt nach Definition nichtnegativ, wenn sie erstens in der offenen rechten Halbebene regulär ist und zweitens dort nichtnegativen Realteil besitzt. Eine Funktion heißt nichtnegativ reell, wenn sie drittens auf der reellen Achse nur reelle Werte annimmt.

W. CAUER [1] hat die Vermutung ausgesprochen, daß man auch umgekehrt zu jeder rationalen Funktionsmatrix, deren zugeordnete quadratische Form eine nichtnegative reelle Funktion ist, ein elektrisches Netzwerk bestimmen kann, dessen Widerstand- oder Leitwertmatrix gleich der vorgegebenen Funktionenmatrix ist.

Voneinander verschiedene Beweise der Cauerschen Vermutung wurden von
Y. Oono [2], M. Bayard [3], R. Leroy [4], V. Belevitch [5], B. McMillan [6]
und B. D. H. Tellegen [7] gegeben.

Verschwindet der Realteil einer nichtnegativen reellen Funktion (11) für ein p
mit Re p > 0, so gilt F(p) $\equiv 0$ und für die Determinante

$$|Z_{ik}(p)| \equiv 0.$$

In diesem Falle läßt sich Z(p) durch einen 2r-Pol in Verbindung mit idealen
Übertragervierpolen darstellen, wenn r der Rang von Z(p) ist.

Ideale Übertrager-2n-Pole sind Darstellungen von Funktionenmatrizen, die durch
einen Grenzübergang L $\to \infty$ aus speziellen, festgekoppelte Übertrager dar-
stellenden m-reihigen Funktionenmatrizen

$$Z(p) = \|L_{st} \cdot p\| = \|L u_s u_t \cdot p\|$$

vom Range 1 gewonnen werden und deren Incidenzmatrizen den Rang k — m
haben, so daß die zugeordneten Streckenkomplexe in m getrennte in sich zusammenhängende Teilstreckenkomplexe zerfallen. Die Zahlen u_s und u_t sind
den Windungszahlen der Spulen proportional. Ideale Übertrager besitzen weder
eine Widerstand- noch eine Leitwertmatrix.

2. Beschränkte Funktionen und Frequenzcharakteristiken elektrischer Netzwerke

Die Frequenzcharakteristiken endlicher passiver Zweipolschaltungen sind nach O. Brune [8] positive reelle Funktionen, die durch eine Transformation mit den beschränkten Funktionen zusammenhängen. Es wird in diesem Abschnitt gezeigt, daß die Benutzung bekannter Ergebnisse der Theorie der beschränkten Funktionen zu neuen Ergebnissen und Verallgemeinerungen bekannter Theoreme in der Theorie elektrischer Netzwerke führt [14]. Insbesondere werden die Klassen beschränkter Funktionen betrachtet, die den Frequenzcharakteristiken von Schaltungen mit zwei Widerstandsarten entsprechen.

2.1 Vier Klassen von Funktionen mit beschränktartigem Charakter

Es ist zweckmäßig, die folgenden vier Klassen von beschränkten Funktionen zu unterscheiden, die durch je zwei Bedingungen charakterisiert werden. Gilt zusätzlich noch die angegebene dritte Bedingung, so heißt die Funktion singulär.

(I) [Singuläre] Brunesche Funktion $Z(p)$:

$$\begin{aligned}
&1) \quad Z(p) \text{ ist regulär für } \operatorname{Re} p > 0 \\
&2) \quad \operatorname{Re} Z(p) > 0 \text{ für } \operatorname{Re} p > 0 \\
&[3) \quad \operatorname{Re} Z(p) = 0 \text{ für } \operatorname{Re} p = 0]
\end{aligned}$$

(II) [Singuläre] Carathéodorysche Funktion $C(p)$:

$$\begin{aligned}
&1) \quad C(p) \text{ ist regulär für } |p| < 1 \\
&2) \quad \operatorname{Re} C(p) > 0 \text{ für } |p| < 1 \\
&[3) \quad \operatorname{Re} C(p) = 0 \text{ für } |p| = 1]
\end{aligned}$$

(III) [Singuläre] Pilotysche Funktion $P(p)$:

$$\begin{aligned}
&1) \quad P(p) \text{ ist regulär für } \operatorname{Re} p > 0 \\
&2) \quad |P(p)| < 1 \text{ für } \operatorname{Re} p > 0 \\
&[3) \quad |P(p)| = 1 \text{ für } \operatorname{Re} p = 0]
\end{aligned}$$

(IV) [Singuläre] Schursche Funktion $S(p)$:

$$\begin{aligned}
&1) \quad S(p) \text{ ist regulär für } |p| < 1 \\
&2) \quad |S(p)| < 1 \text{ für } |p| < 1 \\
&[3) \quad |S(p)| = 1 \text{ für } |p| = 1]
\end{aligned}$$

Sind diese Funktionen außerdem reellwertig auf der reellen Achse, so nennen wir sie reelle Funktionen der entsprechenden Klasse. Die vier genannten Klassen von Funktionen sind nicht wesentlich voneinander verschieden. Für die Anwendungen in der Theorie der elektrischen Netzwerke ist die Klasse der Bruneschen Funktionen von besonderer Bedeutung. Wie H. PILOTY [9] gezeigt hat, ergeben sich durch Einführung der Transformation

$$P(p) = \frac{1 - Z(p)}{1 + Z(p)}$$

einer Bruneschen Funktion $Z(p)$ bedeutsame Vereinfachungen. Die ersten grundlegenden Arbeiten über beschränkte Funktionen stammen von C. CARATHÉODORY [10] aus den Jahren 1907 und 1911.

2.2 Koeffizientenbedingungen für Carathéodorysche Funktionen

C. CARATHÉODORY betrachtet Funktionen, die im Einheitskreis regulär sind und dort positiven Realteil haben. Zu jeder Carathéodoryschen Funktion erhält man durch eine Transformation eine Brunesche Funktion und umgekehrt.

Die Carathéodorysche Funktion habe die Potenzreihenentwicklung

$$C(p) = \tfrac{1}{2} + \sum_{n=1}^{\infty} c_n p^n \quad \text{mit} \quad c_n = a_n' + i a_n''.$$

Nach CARATHÉODORY [10] gilt:

Ist $C(p)$ eine Carathéodorysche Funktion, so liegt für jedes n der Punkt $Y_n = (a_1', a_1'', \ldots, a_n', a_n'')$ des $2n$-dimensionalen Raumes entweder im Inneren oder auf der Oberfläche des jeweiligen kleinsten konvexen Körpers K_{2n}, der die geschlossene Kurve mit der Parameterdarstellung

$$
\begin{aligned}
x_1 &= \cos \varphi, \ldots, x_{2n-1} = \cos n\varphi \\
x_2 &= \sin \varphi, \ldots, x_{2n} = \sin n\varphi
\end{aligned}
\qquad (0 \leq \omega < 2\pi) \tag{13}
$$

enthält und umgekehrt. Der Punkt Y_n heißt der geometrische Repräsentant der Funktion $C(p)$.

Es erhebt sich nun die Frage: Für welche Klasse von Carathéodoryschen Funktionen liegt der geometrische Repräsentant auf der Oberfläche des konvexen Körpers? O. TOEPLITZ (11) hat für die Begrenzung des konvexen Körpers K_{2n} eine Determinantendarstellung angegeben, die für die Lösung der Frage geeignet ist. Nach O. TOEPLITZ und einer Bemerkung von CARATHÉODORY gilt:

Ist $C(p)$ eine Carathéodorysche Funktion mit der Reihenentwicklung

$$C(p) = \sum_{n=0}^{\infty} c_n p^n \qquad (c_n = a_n' + i a_n''),$$

dann und nur dann ist eine der folgenden Bedingungen erfüllt:

$$1) \quad D_r(c_0, \ldots, c_r) > 0 \qquad (r = 0, 1, \ldots, n-1)$$
$$ D_r(c_0, \ldots, c_r) = 0 \qquad (r = n, \ldots, \infty)$$
$$2) \quad D_r(c_0, \ldots, c_r) > 0 \qquad (r = 0, ., \ldots, \infty),$$

wobei

$$D_m = \begin{vmatrix} 2\,a_0' & c_1 & c_2 & \cdots & c_m \\ \bar{c}_1 & 2\,a_0' & c_1 & \cdots & c_{m-1} \\ \bar{c}_2 & \bar{c}_1 & 2\,a_0' & \cdots & c_{m-2} \\ . & . & . & \cdots & . \\ . & . & . & \cdots & . \\ . & . & . & \cdots & . \\ \bar{c}_m & \bar{c}_{m-1} & \bar{c}_{m-2} & \cdots & 2\,a_0' \end{vmatrix}.$$

Unsere Frage können wir nun in der folgenden Weise formulieren:

Für welche Klasse Carathéodoryscher Funktionen sind die ersten n Determinanten positiv, während die folgenden verschwinden?

Die singulären Carathéodoryschen Funktionen werden durch Bedingung 1) gekennzeichnet und die nichtsingulären durch Bedingung 2). Der triviale Fall $C(p) = i a_0''$, wo $D_r(c_0, \ldots, c_r) = 0$ für $r = 0, 1, \ldots$, ist ausgeschlossen. Nehmen wir wieder $c_0 = 1/2$ an, so können wir die nichtsingulären und singulären Carathéodoryschen Funktionen in der folgenden Weise charakterisieren:

Ist $C(p)$ eine nichtsinguläre Carathéodorysche Funktion, dann und nur dann liegt für jedes n der geometrische Repräsentant im Inneren des kleinsten konvexen Körpers K_{2n}, der die geschlossene Kurve (13) enthält.

Ist $C(p)$ eine singuläre Carathéodorysche Funktion, dann und nur dann liegen die geometrischen Repräsentanten $Y_k = (a_1', a_1'', \ldots, a_k', a_k'')$ für $k = 1, 2, \ldots, n-1$ im Inneren und für $k = n, n+1, \ldots, \infty$ auf der Oberfläche der zugeordneten konvexen Körper K_{2k}.

Eine rationale Brunesche Funktion $Z(p)$ kann als Quotient zweier Polynome $P(p)$ und $Q(p)$ geschrieben werden. Dann ist

$$C(p) = Z\left(\frac{1-p}{1+p}\right)$$

die zugeordnete rationale Carathéodorysche Funktion, die die folgende Darstellung habe:

$$C(p) = \frac{a_0 + a_1 p + a_2 p^2 + \cdots + a_n p^n}{b_0 + b_1 p + b_2 p^2 + \cdots + b_m p^m}$$

mit nicht notwendig nichtnegativen Koeffizienten. Die Koeffizienten der Reihenentwicklung von $C(p)$ kann man leicht durch die Koeffizienten der Polynome in Zähler und Nenner von $C(p)$ ausdrücken. Wir betrachten den allgemeineren Fall, daß $C(p)$ der Quotient zweier Potenzreihen ist:

$$C(p) = \frac{a_0 + a_1 p + \cdots + a_n p^n + \cdots}{b_0 + b_1 p + \cdots + b_n p^n + \cdots} = c_0 + c_1 p + c_2 p^2 + \cdots.$$

Man erhält

$$c_0 = \frac{a_0}{b_0}, \quad c_n = b_0^{-n-1} \begin{vmatrix} a_n & b_1 \, b_2 \, b_3 \, \ldots \, b_n \\ a_{n-1} & b_0 \, b_1 \, b_2 \, \ldots \, b_{n-1} \\ a_{n-2} & 0 \ \ b_0 \, b_1 \, \ldots \, b_{n-2} \\ a_{n-3} & 0 \ \ 0 \ \ b_0 \, \ldots \, b_{n-3} \\ \cdot & \cdot \ \ \cdot \ \ \cdot \ \ \cdots \ \ \cdot \\ \cdot & \cdot \ \ \cdot \ \ \cdot \ \ \cdots \ \ \cdot \\ \cdot & \cdot \ \ \cdot \ \ \cdot \ \ \cdots \ \ \cdot \\ a_0 & 0 \ \ 0 \ \ 0 \ \ \ldots \, b_0 \end{vmatrix} \qquad (n = 1, 2, \ldots).$$

$Z(p)$ ist dann und nur dann eine rationale Brunesche Funktion, wenn die Koeffizienten c_n von $C(p)$ eine der folgenden Bedingungen erfüllen:

$$\begin{aligned} 1) \quad & D_r(c_0, \ldots, c_r) > 0 && (r = 0, 1, \ldots, n-1) \\ & D_r(c_0, \ldots, c_r) = 0 && (r = n, \ldots, \infty) \end{aligned}$$

oder

$$2) \quad D_r(c_0, \ldots, c_r) > 0 \qquad (r = 0, 1, \ldots, \infty)$$

2.3 Eine Verallgemeinerung des Reaktanztheorems von R. M. Foster

Aus einer Darstellung für singuläre Carathéodorysche Funktionen [10] läßt sich herleiten [12], daß $Z(p)$ dann und nur dann eine singuläre Brunesche Funktion ist, wenn sie sich in der folgenden Form darstellen läßt:

$$Z(p) = bi + \sum_{\nu=1}^{n} r_\nu \frac{(\varepsilon_\nu - 1)\, p + (\varepsilon_\nu + 1)}{(\varepsilon_\nu + 1)\, p + (\varepsilon_\nu - 1)},$$

wobei b reell, $r_\nu > 0$ und alle ε_ν voneinander verschieden mit $|\varepsilon_\nu| = 1$ sind.

Spezialisieren wir jetzt den Satz, in dem wir verlangen, daß $Z(p)$ für reelle p reell sei, so folgt $b = 0$, und für passend gewählte i und k gilt $r_i = r_k = r$ und $\varepsilon_i \cdot \varepsilon_k = 1$. Wählen wir $\varepsilon_1 = 1$, so erhält man den Term $r_1 p^{-1}$, und $\varepsilon_n = -1$ führt auf den Term $r_n p$. Wir können dann die beiden Terme

$$r \left[\frac{(\varepsilon_k - 1)\, p + (\varepsilon_k + 1)}{(\varepsilon_k + 1)\, p + (\varepsilon_k - 1)} + \frac{(\bar{\varepsilon}_k - 1)\, p + (\bar{\varepsilon}_k + 1)}{(\bar{\varepsilon}_k + 1)\, p + (\bar{\varepsilon}_k - 1)} \right]$$

zusammenfassen, und mit $\varepsilon_k = \cos \varphi_k + i \sin \varphi_k$ erhält man die Darstellung für reelle singuläre Brunesche Funktionen

$$Z(p) = \frac{r_1}{p} + p \sum_{k}{}' \frac{4\, k_r}{(1 + \cos \varphi_k)\, p^2 + (1 - \cos \varphi_k)} + r_n p$$

mit $\varphi \neq m\pi \ (m = 0, \pm 1, \pm 2, \ldots)$ und $r_k > 0$.

Bei der angegebenen Spezialisierung geht also diese Darstellung in die bekannte Fostersche Partialbruchdarstellung für Reaktanzfunktionen über [13]. Reelle singuläre Brunesche Funktionen sind also Reaktanzfunktionen.

2.4 Ein Algorithmus und ein neues Klassifikationsprinzip für Funktionen mit nichtnegativem Realteil

2.4.1 *Ein Algorithmus für nichtnegative Funktionen*

Es sei $F(p)$ eine in der rechten Halbebene $\mathrm{Re}\,p > 0$ definierte reguläre Funktion. Wir nennen $F(p)$ eine nichtnegative Funktion, wenn sie für $\mathrm{Re}\,p > 0$ nichtnegativen Realteil besitzt. Ist $F(p)$ außerdem noch auf der reellen Achse reellwertig, so sei sie nichtnegative reelle Funktion genannt.

Für nichtnegative Funktionen gilt der folgende Algorithmus [15]:

Ist $F_\nu(p)$ eine nichtnegative Funktion und $p_i^{(\nu)}$ ($i = 1, 2, \ldots, m$) eine Folge von Zahlen mit $\mathrm{Re}\,p_i^{(\nu)} > 0$, für die $F(p_i^{(\nu)}) = s_\nu$ ($i = 1, 2, \ldots, m$) gilt, und ist ferner $F_\nu(p)$ nicht von der Form

$$F_\nu(p) = \frac{s_\nu \overline{g}_\nu(p) + \overline{s}_\nu \overline{\varepsilon}\, g_\nu(-p)}{\overline{g}_\nu(p) - \varepsilon g_\nu(-p)} \tag{14}$$

mit $|\varepsilon| = 1$ und dem Hurwitzpolynom

$$g_\nu(p) = \prod_{i=1}^{m} (p + p_i^{(\nu)}),$$

dann ist auch

$$F_{\nu+1}(p) = \frac{K\,S_\nu(p) - \overline{K}\,T_\nu(p)}{S_\nu(p) + T_\nu(p)} \tag{15}$$

mit $\mathrm{Re}\,K > 0$ und

$$S_\nu(p) = \varepsilon g_\nu(-p)\,[\overline{s}_\nu + F_\nu(p)]$$
$$T_\nu(p) = \overline{g}_\nu(p) \quad [s_\nu - F_\nu(p)]$$

eine nichtnegative Funktion.

Die auszuschließende Funktion (14) ist eine rationale nichtnegative Funktion, deren Realteil auf der imaginären Achse außerhalb der Pole verschwindet.

Der Algorithmus (15) enthält die folgenden bekannten Theoreme als Sonderfälle:

1. Ist $F(p)$ eine nichtnegative Funktion, die auf der reellen Achse reellwertig ist, und gilt $K = 1$, $\varepsilon = (-1)^{m_\nu}$, $g_\nu(p) = \overline{g}_\nu(p)$, $s_\nu = \overline{s}_\nu > 0$, so folgt der Satz von FIALKOW-GERST [16].

2. Ist $F_\nu(p)$ wieder eine nichtnegative reelle Funktion, und gilt $K = 1$, $\varepsilon = -1$, $m_\nu = 1$, $p_1^{(\nu)} = k > 0$ für alle ν, so erhält man den Algorithmus von BOTT-DUFFIN [17].

3. Ist $F_\nu(p)$ eine nichtnegative reelle Funktion, so folgt für $K = 1$, $\varepsilon = -1$, $m_\nu = 1$, $p_1^{(\nu)} = 1$ der Algorithmus von RICHARDS [18].

4. Ist $F_\nu(p)$ eine nichtnegative Funktion, und setzt man $K = 1$, $m_\nu = 1$, $p_1^{(\nu)} = 1$

$$\varepsilon = -\frac{1 + s_\nu}{1 + \bar{s}_\nu},$$

so folgt mit

$$p = \frac{1 - z}{1 + z} \quad \text{und} \quad F_\nu(p) = \frac{1 - f_\nu(z)}{1 + f_\nu(z)}$$

der für die Theorie der beschränkten Funktionen grundlegende kettenbruchartige Reduktionsalgorithmus von J. SCHUR [19].

Nach dem verallgemeinerten Schwartzschen Lemma ist mit

$$\begin{aligned} f(z) \quad &\text{regulär für} \quad |z| < 1 \\ f(z_i) = 0 \quad &\text{für} \quad |z_i| < 1 \qquad (i = 1, 2, \ldots, m) \\ |f(z)| \leqq 1 \quad &\text{für} \quad |z| < 1 \end{aligned}$$

und

sogar auch

$$\varphi(z) = f(z) \cdot \prod_{i=1}^{m} \frac{1 - \bar{z}_i z}{z - z_i}$$

eine unimodular beschränkte Funktion.

Durch die Transformation

$$\Phi(z) = \frac{K - \bar{K}\alpha\varphi(z)}{1 + \alpha\varphi(z)} \; ; \quad \text{Re } K > 0; \quad |\alpha| = 1$$

wird eine Funktion $\Phi(z)$ vermittelt, für die

$$\text{Re } \Phi(z) \geqq 0 \quad \text{für} \quad |z| < 1$$

gilt.

Entsprechend wird durch

$$f(z) = \bar{\beta}\,\frac{s - F(p)}{\bar{s} + F(p)} \; ; \quad \text{Re } s > 0; \quad |\beta| = 1$$

mit

$$z = \bar{\gamma}\,\frac{k - p}{\bar{k} + p} \; ; \quad \text{Re } k > 0; \quad |\gamma| = 1$$

der im Einheitskreis unimodular beschränkten Funktion $f(z)$ eine in der offenen rechten Halbebene reguläre Funktion $F(p)$ zugeordnet, die dort nichtnegativen Realteil besitzt.

Ist $F(p)$ eine solche nichtnegative Funktion, so ist auch

$$F_1(p) = \Phi(z(p))$$

eine nichtnegative Funktion.

24

Setzt man

$$g(p) = \prod_{i=1}^{m} (p + p_i),$$

so ist $g(p)$ ein Hurwitzpolynom, da für die p_i wegen $|z_i| < 1$

$$\mathrm{Re}\; p_i > 0 \qquad (i = 1, 2, \ldots, m)$$

gilt.

Wegen

$$\frac{1 - \bar{z}_i z}{z - z_i} = \alpha_i \frac{p + \bar{p}_i}{p - p_i}$$

mit $\quad \alpha_i = -\gamma \dfrac{\bar{k} + p_i}{k + \bar{p}_i} \quad$ und $\quad |\alpha_i| = 1 \qquad (i = 1, 2, \ldots, m)$

läßt sich $F_1(p)$ in der Form schreiben:

$$F_1(p) = \frac{K \,\varepsilon g(-p)\,[\bar{s} + F(p)] - \bar{K}\,\bar{g}(p)\,[s - F(p)]}{\varepsilon g(-p)\,[\bar{s} + F(p)] + \bar{g}(p)\,[s - F(p)]}$$

Durch (15) wird jeder nichtnegativen Funktion wieder eine solche zugeordnet. Die einer nichtnegativen Funktion $F_0(p)$ zugeordneten Funktionen $F_1(p)$, $F_2(p)$, ... heißen die zu $F_0(p)$ adjungierten Funktionen und die s_ν die adjungierten Parameter.

Setzt man

$$R_K^{(\nu)}(p) = \frac{\bar{K}\,\bar{g}_\nu(p) + K\,\varepsilon g_\nu(-p)}{\bar{g}_\nu(p) - \varepsilon g_\nu(-p)}, \tag{16}$$

und bedeutet $R_{\bar{s}_\nu}^{(\nu)}(p)$ den Ausdruck (16) für $K = \bar{s}_\nu$, so läßt sich der Algorithmus (15) in der Form schreiben:

$$F_{\nu+1}(p) = \frac{R_K^{(\nu)}(p)\, F_\nu(p) - \dfrac{\bar{K} s_\nu\, \bar{g}_\nu(p) - K \bar{s}_\nu\, \varepsilon g_\nu(-p)}{\bar{g}_\nu(p) - \varepsilon g_\nu(-p)}}{R_{\bar{s}_\nu}^{(\nu)}(p) - F_\nu(p)}.$$

Hieraus ist ersichtlich, daß Funktionen der Form (14) von der Anwendung des Algorithmus auszuschließen sind. Tritt (14) als adjungierte Funktion auf, so bricht der Algorithmus ab. (14) ist eine rationale nichtnegative Funktion mit verschwindendem Realteil auf der imaginären Achse: Sie ist nämlich für $\mathrm{Re}\; p > 0$ regulär; denn ein Pol für $p = p_0$ mit $\mathrm{Re}\; p_0 > 0$ hat

$$|\bar{g}_\nu(p_0) \cdot g_\nu^{-1}(-p_0)| = 1$$

zur Folge, was wegen der durch die Funktion

$$u(p) = \prod_{i=1}^{m_\nu} \frac{p + p_i^{(\nu)}}{p - p_i^{(\nu)}} = (-1)^{m_\nu} \frac{\bar{g}_\nu(p)}{g_\nu(-p)}$$

vermittelten Abbildung

$$|u(p)| > 1 \quad \text{für} \quad \text{Re } p > 0$$

nicht möglich ist. Ferner hat (14) für Re $p > 0$ einen positiven Realteil und für Re $p = 0$ außerhalb der Pole verschwindenden Realteil, wie man aus

$$\text{Re } F_\nu(p) = \text{Re } s_\nu \frac{|\overline{g}_\nu(p)|^2 - |g_\nu(-p)|^2}{|\overline{g}_\nu(p) - \varepsilon g_\nu(-p)|^2}$$

erkennt.

Verlangt man zusätzlich die Reellwertigkeit auf der reellen Achse von den Funktionen $R_K^{(\nu)}(p)$, $R_{s_\nu}^{(\nu)}(p)$ und $F_\nu(p)$, so folgt $g_\nu(p) = \overline{g}_\nu(p)$, d. h. mit einem komplexen $p_i^{(\nu)}$ gehört auch $\overline{p}_i^{(\nu)}$ zur Folge $(p_i^{(\nu)})$, $K = \overline{K} > 0$, $s_\nu = \overline{s}_\nu > 0$ und $\varepsilon = \pm 1$. Dann wird auch $F_{\nu+1}(p)$ reell auf der reellen Achse, und der Algorithmus lautet

$$F_{\nu+1}(p) = \frac{R_K^{(\nu)}(p) \, F_\nu(p) - K s_\nu}{\dfrac{s_\nu}{K} \, R_K^{(\nu)}(p) - F_\nu(p)},$$

wobei $R_K^{(\nu)}(p)$ als Quotient von geradem und ungeradem Teil eines Hurwitzpolynoms eine Reaktanzfunktion ist.

2.4.2 Die Umkehrung des Algorithmus für nichtnegative Funktionen

Wird Γ_ν mit Re $\Gamma_\nu > 0$ und ein Hurwitzpolynom $g_\nu(p)$ beliebig vorgegeben, und ist $F_{\nu+1}(p)$ eine nichtnegative Funktion, so ist

$$F_\nu(p) = \frac{\Gamma_\nu M_{\nu+1}(p) - \overline{\Gamma}_\nu N_{\nu+1}(p)}{M_{\nu+1}(p) + N_{\nu+1}(p)} \tag{17}$$

mit

$$M_{\nu+1}(p) = \overline{g}_\nu(p) \, [\overline{K} + F_{\nu+1}(p)], \quad \text{Re } K > 0$$
$$N_{\nu+1}(p) = \varepsilon g_\nu(-p) \, [K - F_{\nu+1}(p)], \quad |\varepsilon| = 1$$

eine Funktion, die für Re $p > 0$ regulär ist und dort positiven Realteil besitzt, sowie an den Nullstellen $p_i^{(\nu)}$ von $g_\nu(-p)$ den vorgegebenen Wert Γ_ν annimmt.

Setzt man

$$\psi(p) = \overline{\alpha} \frac{K - F_{\nu+1}(p)}{\overline{K} + F_{\nu+1}(p)}, \quad |\alpha| = 1, \quad \text{Re } K > 0,$$

so ist

$$|\psi(p)| \leqq 1 \quad \text{für} \quad \text{Re } p > 0.$$

Für

$$\Phi(p) = \frac{g_\nu(-p)}{\overline{g}_\nu(p)} \, \psi(p)$$

gilt dann

$$|\Phi(p)| < 1 \quad \text{für} \quad \text{Re } p > 0.$$

Bildet man weiter mit $\Phi(p)$ die Funktion

$$F_\nu(p) = \frac{\Gamma_\nu - \delta\,\overline{\Gamma}_\nu\,\Phi(p)}{1 + \delta\,\Phi(p)}, \quad \mathrm{Re}\,\Gamma_\nu > 0 \mid \delta \mid = 1,$$

so gilt $\mathrm{Re}\,F_\nu(p) > 0$ für $\mathrm{Re}\,p > 0$ und $1 + \delta\,\Phi(p) \neq 0$ für $\mathrm{Re}\,p > 0$.

Ist $F_0(p)$ eine rationale nichtnegative Funktion

$$F_0(p) = \frac{G_0(p)}{H_0(p)},$$

wobei $G_0(p)$ und $H_0(p)$ teilerfremde Polynome sind, und wird der Grad von $F_0(p)$ durch

$$\{F_0(p)\} = \max\left[\{G_0(p)\}, \{H_0(p)\}\right]$$

definiert, so gilt für die Grade des Zähler- und Nennerpolynoms der nach (15) gebildeten adjungierten Funktion $F_1(p)$ nach Kürzen des gemeinsamen Faktors $g_\nu(-p)$, wenn

$$F_0(-\overline{p}_i) \neq -\overline{F_0(p_i)} \qquad (i = 1, 2, \ldots, m)$$

ist:

$$\{G_1(p)\} = \{F_0(p)\} - r$$
$$\{H_1(p)\} = \{F_0(p)\} - t,$$

wobei r und t nur die Werte Null und Eins annehmen und der Beziehung

$$r^2 + t^2 = \begin{cases} 0 \\ 1 \end{cases}$$

genügen. In diesem Fall ist

$$\{F_1(p)\} = \{F_0(p)\}.$$

Gilt dagegen für eine Teilfolge der p_i

$$p_{i_1}, p_{i_2}, \ldots, p_{i_\mu}$$

die Relation

$$F_0(-\overline{p}_{i_\nu}) = -\overline{F_0(p_{i_\nu})} \qquad (\nu = 1, 2, \ldots, \mu),$$

so ist

$$\{F_1(p)\} = \{F_0(p)\} - \mu.$$

2.4.3 Ein neues Klassifikationsprinzip für nichtnegative Funktionen

Der Algorithmus (15) für $m_\nu = 1$ für alle ν erlaubt eine Klassifikation der nichtnegativen Funktionen in der folgenden Weise:

Klasse I:

Der Algorithmus ist stets fortsetzbar, d. h. es gibt kein n, derart, daß gilt

$$S_n(p) + T_n(p) = 0.$$

a) $F_n(p) \not\equiv F_n(p_n)$ $(n = 1, 2, \ldots)$

    $\alpha)$ $F_0(p)$ rational

    $\beta)$ $F_0(p)$ nicht rational

b) $F_n(p) \equiv F_n(p_n)$

Klasse II:

Der Algorithmus ist nicht fortsetzbar, d. h. es gibt ein n, derart, daß gilt

$$S_n(p) + T_n(p) \equiv 0.$$

Die Klassen Ib und II werden in den folgenden Abschnitten weiter untersucht. Bei Klasse Ib lauten die weiteren adjungierten Funktionen

$$F_{n+1}(p) = F_{n+2}(p) = \cdots = K \quad \text{mit} \quad \mathrm{Re}\, K > 0.$$

Gehört die nichtnegative Funktion $F_0(p)$ zur Klasse Ib oder II, so ist sie notwendig rational, wie man aus der Umkehrung des Algorithmus erkennt.

Die nichtkonstante rationale Funktion

$$F_0(p) = \frac{G_0(p)}{H_0(p)} \tag{18}$$

mit teilerfremden Polynomen $G_0(p)$ und $H_0(p)$ ist dann und nur dann eine nichtnegative Funktion der Klasse Ib, wenn gilt

a) $G_0(p) + \delta H_0(p)$ ist ein Hurwitzpolynom mit $\mathrm{Re}\,\delta > 0$

b) $G_0(p)\,\overline{H}_0(-p) + \overline{G}_0(-p)\,H_0(p) = C \prod\limits_{\nu=0}^{n-1} (p_\nu - p)(\bar{p}_\nu + p) \tag{19}$

    mit $\mathrm{Re}\, p_\nu > 0$ $(\nu = 0, 1, 2, \ldots, n-1)$ und $C > 0$.

Die Funktion (18) ist dann und nur dann eine nichtnegative Funktion der Klasse II, wenn gilt

a) $G_0(p) + \delta H_0(p)$ ist ein Hurwitzpolynom mit $\mathrm{Re}\,\delta > 0$

b) $G_0(p)\,\overline{H}_0(-p) + \overline{G}_0(-p)\,H_0(p) = 0.$ (20)

Zusammenfassend kann man sagen: Kennzeichnend dafür, daß $F_0(p)$ zur Klasse Ib oder II gehört, sind die Bedingungen (19) mit $C \geqq 0$. $C > 0$ charakterisiert die Klasse Ib und $C = 0$ die Klasse II.

Die Bedingungen (19) sind notwendig; denn ist $F_0(p)$ eine rationale nichtnegative Funktion der Klasse Ib oder II und δ eine Zahl mit positivem Realteil, so ist für $\mathrm{Re}\, p > 0$

$$\mathrm{Re}\left(\delta + \frac{G_0(p)}{H_0(p)} \right) = \mathrm{Re}\, \frac{G_0(p) + \delta H_0(p)}{H_0(p)} > 0,$$

also $G_0(p) + \delta H_0(p) \neq 0$ für $\mathrm{Re}\, p > 0$. Dies gilt auch für $\mathrm{Re}\, p = 0$, da im anderen Falle wegen der Teilerfremdheit von $G_0(p)$ und $H_0(p)$ und der Stetigkeit der Abbildung Punkte der rechten Halbebene auf eine Umgebung des Punktes $-\delta$ abgebildet würden.

Ferner gilt im Fall der Klasse I b

$$G_n(p)\,\overline{H}_n(-p) + \overline{G}_n(-p)\,H_n(p) = G_n(p_n)\,\overline{H_n(p_n)} + \overline{G_n(p_n)}\,H_n(p_n)$$
$$= 2\,H_n(p_n)\,\overline{H_n(p_n)}\cdot \operatorname{Re} F_n(p_n) \equiv C_n > 0$$

und im Fall der Klasse II mit

$$F_n(p) \equiv R_{\bar{s}_n}(p) = \frac{(s_n - \varepsilon\bar{s}_n)\,p + (s_n\bar{p}_n + \varepsilon\bar{s}_n p_n)}{(1+\varepsilon)\,p + (\bar{p}_n - \varepsilon p_n)}$$
$$G_n(p)\,\overline{H}_n(-p) + \overline{G}_n(-p)\,H_n(p) = 0.$$

Bildet man zu $F_n(p)$ nach (17) mit $g(p) = -(p + p_{n-1})$ die Funktion $F_{n-1}(p)$, so erhält man mit

$$G_{n-1}(p) = \Gamma_{n-1}(p + \bar{p}_{n-1})\,[G_n(p) + \overline{K}H_n(p)] - \varepsilon\Gamma_{n-1}(p - p_{n-1})$$
$$\times\,[G_n(p) - KH_n(p)]$$
$$H_{n-1}(p) = (p + \bar{p}_{n-1})\,[G_n(p) + \overline{K}H_n(p)] + (p - p_{n-1})\,[G_n(p) - KH_n(p)]$$
$$G_{n-1}(p)\,\overline{H}_{n-1}(-p) + \overline{G}_{n-1}(-p)\,H_n(p)$$
$$= \begin{cases} C_{n-1}(p_{n-1} - p)\,(\bar{p}_{n-1} + p) & \text{Klasse I b} \\ O & \text{Klasse II,} \end{cases}$$

wobei

$$C_{n-1} = C_n(K + \overline{K})\,[\Gamma_{n-1} + \overline{\Gamma}_{n-1}].$$

Mit $C_n > 0$, $\operatorname{Re} K > 0$, $\operatorname{Re}\Gamma_{n-1} > 0$ ist $C_{n-1} > 0$.

Nimmt man zum Zwecke des Induktionsschlusses an, daß für die nach k-maliger Anwendung des Algorithmus (17) aus $F_n(p)$ erhaltene Funktion

$$F_{n-k}(p) = \frac{G_{n-k}(p)}{H_{n-k}(p)}$$

gilt

$$G_{n-k}(p)\,H_{n-k}(-p) + \overline{G}_{n-k}(-p)\,H_{n-k}(p) = C_{n-k}\prod_{\nu=n-k}^{n-1}(p_\nu - p)\,(\bar{p}_\nu + p)$$

mit $C_{n-k} \geqq 0$, so folgt nach einiger Rechnung für $F_{n-(k+1)}(p)$

$$G_{n-(k+1)}(p)\,\overline{H}_{n-(k+1)}(-p) + \overline{G}_{n-(k+1)}(-p)\,H_{n-(k+1)}(p)$$
$$= \begin{cases} C_{n-k}(K + \overline{K})\,[\Gamma_{n-(k+1)} + \overline{\Gamma}_{n-(k+1)}]\displaystyle\prod_{\nu=n-(k+1)}^{n-1}(p_\nu - p)\,(\bar{p}_\nu + p) \\ 0 \end{cases}$$

für die Klasse I b bzw. II. Durch vollständige Induktion folgt damit die Notwendigkeit der Bedingungen (19).

Um die Hinlänglichkeit zu beweisen, sei die Funktion

$$T(p) = \frac{\overline{\delta} - F_0(p)}{\delta + F_0(p)} = \frac{\overline{\delta}\, H_0(p) - G_0(p)}{\delta\, H_0(p) + G_0(p)}$$

betrachtet. Wegen Bedingung a) ist $T(p)$ regulär für $\mathrm{Re}\,p \geqq 0$ (p endlich). Aus der Teilerfremdheit von $G_0(p)$ und $H_0(p)$ folgt, daß auch das Zähler- und Nennerpolynom von $T(p)$ teilerfremd sind; denn die Annahme

$$\overline{\delta}\, H_0(p_0) - G_0(p_0) = 0$$
$$\delta\, H_0(p_0) + G_0(p_0) = 0$$

führt wegen

$$\begin{vmatrix} \overline{\delta} & -1 \\ \delta & 1 \end{vmatrix} = 2\,\mathrm{Re}\,\delta > 0$$

auf den Widerspruch $H_0(p_0) = G_0(p_0) = 0$.

$T(p)$ ist auch im unendlichfernen Punkt regulär. Gilt nämlich

$$G_0(p) = \sum_{\nu=0}^{n} a_\nu p^\nu$$

$$H_0(p) = \sum_{\nu=0}^{m} b_\nu p^\nu,$$

so ist im Falle $m \neq n$, d. h. wenn Zähler und Nenner von $T(p)$ vom gleichen Grad sind, entweder

$$\lim_{p \to \infty} T(p) = \overline{\delta}/\delta$$

oder

$$\lim_{p \to \infty} T(p) = -1;$$

(21)

im Falle $m = n$ ist $\delta b_n + a_n \neq 0$, so daß der Nenner von $T(p)$ von nicht niedrigerem Grad als der Zähler ist. Wäre nämlich $a_n = -\delta b_n$, dann wäre der Koeffizient der höchsten Potenz von

$$G_0(i\omega)\,\overline{H}_0(-i\omega) + \overline{G}_0(-i\omega)\,H_0(i\omega) = (a_n\overline{b}_n + \overline{a}_n b_n)\,\omega^{2n} + \cdots$$
$$= -(\delta + \overline{\delta})\,b_n\overline{b}_n\,\omega^{2n} + \cdots$$

negativ, was ein Widerspruch zu b) ist, wie man aus

$$C \prod_{\nu=0}^{n-1} |(p_\nu - p)\,(\overline{p}_\nu + p)|_{p=i\omega} = C \prod_{\nu=0}^{n-1} |p_\nu - i\omega|^2, \quad C \geqq 0$$

erkennt.

Es ist

$$\left| \lim_{p \to \infty} T(p) \right| \leqq 1.$$

30

Für $n \neq m$ folgt dies aus (21). Für $n = m$ ist

$$\lim_{p \to \infty} T(p) = \frac{\overline{\delta}\, b_n - a_n}{\delta\, b_n + a_n}$$

und

$$1 - |\lim_{p \to \infty} T(p)|^2 = (\delta + \overline{\delta}) \frac{a_n \overline{b}_n + \overline{a}_n b_n}{|\delta b_n + a_n|^2}.$$

Aus Bedingung b) folgt damit, daß dieser Ausdruck nichtnegativ ist.

Ebenfalls nach Bedingung b) ist

$$|T(p)| \leqq 1 \quad \text{für} \quad p = i\,\omega \qquad (-\infty \leqq \omega \leqq \infty).$$

Für den unendlichfernen Punkt ist dies soeben gezeigt, sonst gilt

$$1 - |T(i\,\omega)|^2 = (\delta + \overline{\delta}) \frac{G_0(i\,\omega)\,\overline{H}_0(-i\,\omega) + \overline{G}_0(-i\,\omega)\,H_0(i\,\omega)}{|\delta H_0(i\,\omega) + G_0(i\,\omega)|^2} \geqq 0.$$

Nach dem Prinzip vom Maximum ist daher, da $T(p)$ nicht konstant ist,

$$|T(p)| < 1 \quad \text{für} \quad \operatorname{Re} p > 0$$

und

$$H_0(p) \neq 0 \quad \text{für} \quad \operatorname{Re} p > 0.$$

Ferner folgt aus der Abbildungseigenschaft der Transformation $T(p)$

$$\operatorname{Re} F_0(p) > 0 \quad \text{für} \quad \operatorname{Re} p > 0$$
$$\operatorname{Re} F_0(p) \geqq 0 \quad \text{für} \quad \operatorname{Re} p = 0.$$

Damit ist gezeigt, daß $F_0(p)$ eine nichtnegative Funktion ist, wenn die Bedingungen (19) gelten.

Bildet man nach (15) zu $F_0(p)$ die erste adjungierte Funktion $F_1(p) = G_1(p)/H_1(p)$, so folgt aus (19) Bedingung b) für $p = -\overline{p}_0$

$$G_0(-\overline{p}_0)\,\overline{H_0(p_0)} + \overline{G_0(p_0)}\,H_0(-\overline{p}_0) = 0$$

oder

$$F_0(-\overline{p}_0) = -\overline{F_0(p_0)},$$

so daß die adjungierte Funktion $F_1(p)$ den Grad $n - 1$ hat, wenn $F_0(p)$ vom n-ten Grade ist.

Ferner gilt nach Kürzen des gemeinsamen Faktors $(p - p_0)\,(p + \overline{p}_0)$ in Zähler und Nenner von $F_1(p)$

$$G_1(p)\,\overline{H}_1(-p) + \overline{G}_1(-p)\,H_1(p) = C_1 \prod_{\nu=1}^{n-1} (p_\nu - p)\,(\overline{p}_\nu + p)$$

mit

$$C_1 = C(K \mid \overline{K})\,(s_0 + \overline{s}_0) \geqq 0.$$

Die n-malige Anwendung des Algorithmus (15) für $m_\nu = 1$ auf $F_0(p)$, das den Bedingungen (19) mit $C \geqq 0$ genügt, mit der durch (19) bestimmten Folge $p_1^{(\nu)} = p_\nu$, führt also entweder auf eine Konstante mit positivem Realteil (Klasse I b) oder auf eine Konstante mit verschwindendem Realteil (Klasse II), oder die $(n - 1)$-malige Anwendung des Algorithmus (15) führt auf ein $F_{n-1}(p)$ vom ersten Grade, für das $S_{n-1}(p) + T_{n-1}(p) \equiv 0$ ist (Klasse II).

Es sei noch bemerkt, daß die nichtnegativen Funktionen der Klasse II eine explizite Darstellung gestatten in der Form

$$F(p) = \frac{\overline{\delta} h(p) - \delta\, \varepsilon\, \overline{h}(-p)}{h(p) + \varepsilon\, \overline{h}(-p)},$$

wobei $h(p)$ ein Hurwitzpolynom und $\mathrm{Re}\, \delta > 0$, $|\varepsilon| = 1$ ist.

2.5 Über singuläre und nichtsinguläre Schursche Funktionen

J. Schur [19] hat Potenzreihen für Funktionen $f_\nu(p)$ untersucht, die im Einheitskreis regulär sind und dort Werte annehmen, die dem Betrage nach nicht größer als 1 sind. Es folgt dann $|f_\nu(0)| \leqq 1$. Nun sind zwei Fälle zu unterscheiden. Im ersten Fall gilt das Gleichheitszeichen; dann folgt $f_\nu(p) \equiv f_\nu(0)$. Im zweiten Fall gilt $|f_\nu(0)| < 1$, und die Potenzreihe

$$f_{\nu+1}(p) = \frac{1}{p} \cdot \frac{f_\nu(p) - f_\nu(0)}{1 - \overline{f_\nu(0)} \cdot f_\nu(p)} \tag{22}$$

ist ebenfalls regulär im Einheitskreis und

$$|f_{\nu+1}(p)| \leqq 1 \quad \text{für} \quad |p| < 1.$$

Beginnen wir den Algorithmus mit einem beschränkten $f_0(p) = c_0 + c_1 p + c_2 p^2 + \cdots$, so erhält man für singuläre Schursche Funktionen eine endliche Zahl von adjungierten Funktionen

$$f_0(p), f_1(p), \ldots, f_{\nu-1}(p), f_\nu(p)$$

und für nichtsinguläre Schursche Funktionen unendlich viele adjungierte Funktionen

$$f_0(p), f_1(p), \ldots \quad \text{ad inf.}$$

Man erhält also entweder

$$|f_0(0)| < 1, |f_1(0)| < 1, \ldots, |f_{\nu-1}(0)| < 1, |f_\nu(0)| = 1$$

oder

$$|f_0(0)| < 1, |f_1(0)| < 1, \ldots \quad \text{ad inf.}$$

Singuläre Schursche Funktionen sind rational und können mit der Rekursionsformel

$$f_{\nu-1}(p) = \frac{f_{\nu-1}(0) - p \cdot f_\nu(p)}{1 - p\,\overline{f_{\nu-1}(0)}\,f_\nu(p)}$$

bestimmt werden.

Nun können wir das Schursche Theorem wie folgt formulieren:

Notwendig und hinreichend dafür, daß $f_0(p)$ im Einheitskreis $|p| < 1$ regulär
und vom absoluten Betrag höchstens gleich 1 ist, sind die Bedingungen, daß
entweder

$$|f_0(0)| < 1,\ |f_1(0)| < 1,\ \ldots,\ |f_{n-1}(0)| < 1,\ f_n(p) = e^{i\varphi}$$

oder

$$|f_\nu(0)| < 1 \qquad (\nu = 0, 1, \ldots, \infty)$$

gilt.

Der erste Fall tritt dann und nur dann auf, wenn $f_0(p)$ eine rationale Funktion
mit folgender Darstellung ist:

$$f_0(p) = \varepsilon \prod_{\nu=1}^{n} \frac{p + \omega_\nu}{1 + \overline{\omega}_\nu p}, \qquad 0 \leqq |\omega_\nu| < 1,\ |\varepsilon| = 1.$$

Diese Funktionen lassen sich auch in der Form

$$f_0(p) = \varepsilon p^n \frac{\overline{R}(p^{-1})}{R(p)} \tag{23}$$

schreiben, wobei $R(p)$ höchstens vom Grade n ist und nur außerhalb des Einheitskreises verschwindet oder überall gleich 1 ist.

Die singulären Schurschen Funktionen lassen sich auch noch durch die folgenden
Eigenschaften charakterisieren:

a) $f_0(p)$ ist regulär für $|p| \leqq 1$

b) $f_0(p)$ ist eine rationale Funktion mit n Nullstellen

c) $|f_0(p)| = 1$ für $|p| = 1$.

Wir betrachten jetzt an Stelle der Potenzreihe

$$f_0(p) = c_0 + c_1 p + \cdots$$

Quotienten von Potenzreihen

$$f_0(p) = \frac{g(p)}{h(p)} = \frac{a_0 + a_1 p + a_2 p^2 + \cdots}{b_0 + b_1 p + b_2 p^2 + \cdots}$$

und führen die Potenzreihen

$$g_\nu(p) = a_\nu + a_{\nu+1}p + \cdots \quad \text{und} \quad h_\nu(p) = b_\nu + b_{\nu+1}p + \cdots$$

sowie die folgenden Determinanten D_ν und Δ_ν von 2ν-ter Ordnung ein:

$$D_\nu(p) = \begin{vmatrix} 0 & 0 & \dots & 0 & a_0 & a_1 & \dots & a_{\nu-1} & g_\nu(p) \\ \overline{b}_0 & 0 & \dots & 0 & 0 & a_0 & \dots & a_{\nu-2} & g_{\nu-1}(p) \\ \overline{b}_1 & \overline{b}_0 & \dots & 0 & 0 & 0 & \dots & a_{\nu-3} & g_{\nu-2}(p) \\ \cdot & \cdot & \cdot & \cdot & \cdot & \cdot & & \cdot & \cdot \\ \cdot & \cdot & \cdot & \cdot & \cdot & \cdot & & \cdot & \cdot \\ \cdot & \cdot & \cdot & \cdot & \cdot & \cdot & & \cdot & \cdot \\ \overline{b}_{\nu-2} & \overline{b}_{\nu-3} & \dots & \overline{b}_0 & 0 & 0 & \dots & a_0 & g_1(p) \\ 0 & 0 & \dots & 0 & b_0 & b_1 & \dots & b_{\nu-1} & h_\nu(p) \\ \overline{a}_0 & 0 & \dots & 0 & 0 & b_0 & \dots & b_{\nu-2} & h_{\nu-1}(p) \\ \overline{a}_1 & \overline{a}_0 & \dots & 0 & 0 & 0 & \dots & b_{\nu-3} & h_{\nu-2}(p) \\ \cdot & \cdot & \cdot & \cdot & \cdot & \cdot & \cdot & \cdot & \cdot \\ \cdot & \cdot & \cdot & \cdot & \cdot & \cdot & \cdot & \cdot & \cdot \\ \cdot & \cdot & \cdot & \cdot & \cdot & \cdot & \cdot & \cdot & \cdot \\ \overline{a}_{\nu-2} & \overline{a}_{\nu-3} & \dots & \overline{a}_0 & 0 & 0 & \dots & b_0 & h_1(p) \end{vmatrix}$$

$$\Delta_\nu(p) = \begin{vmatrix} \overline{b}_0 & 0 & \dots & 0 & a_0 & a_1 & \dots & a_{\nu-2} & g_{\nu-1}(p) \\ \overline{b}_1 & \overline{b}_0 & \dots & 0 & 0 & a_0 & \dots & a_{\nu-3} & g_{\nu-2}(p) \\ \overline{b}_2 & \overline{b}_1 & \dots & 0 & 0 & 0 & \dots & a_{\nu-4} & g_{\nu-3}(p) \\ \cdots & \cdots & \cdots & \cdots & \cdots & \cdots & \cdots & \cdots & \cdots \\ \overline{b}_{\nu-1} & \overline{b}_{\nu-2} & \dots & \overline{b}_0 & 0 & 0 & \dots & 0 & g_0(p) \\ \overline{a}_0 & 0 & \dots & 0 & b_0 & b_1 & \dots & b_{\nu-2} & h_{\nu-1}(p) \\ \overline{a}_1 & \overline{a}_0 & \dots & 0 & 0 & b_0 & \dots & b_{\nu-3} & h_{\nu-2}(p) \\ \overline{a}_2 & \overline{a}_1 & \dots & 0 & 0 & 0 & \dots & b_{\nu-4} & h_{\nu-3}(p) \\ \cdot & \cdot & \cdot & \cdot & \cdot & \cdot & \cdot & \cdot & \cdot \\ \cdot & \cdot & \cdot & \cdot & \cdot & \cdot & \cdot & \cdot & \cdot \\ \cdot & \cdot & \cdot & \cdot & \cdot & \cdot & \cdot & \cdot & \cdot \\ \overline{a}_{\nu-1} & \overline{a}_{\nu-2} & \dots & \overline{a}_0 & 0 & 0 & \dots & 0 & h_0(p) \end{vmatrix}$$

Mit Hilfe dieser Determinanten lassen sich die adjungierten Funktionen $f_\nu(p)$ wie folgt darstellen:

$$f_\nu(p) = -\frac{D_\nu(p)}{\Delta_\nu(p)}$$

$$f_\nu(0) = -\frac{D_\nu(0)}{\Delta_\nu(0)}, \quad \Delta_\nu(0) \neq 0,$$

ferner gilt

$$1 - |f_\nu(0)|^2 = \frac{\Delta_{\nu-1}(0)\,\Delta_{\nu+1}(0)}{\Delta_\nu^2(0)} \tag{24}$$

mit $\Delta_0(0) = 1$, $\Delta_{-1}(0) = b_0^{-2}$.

Wegen (24) läßt sich das Schursche Kriterium in der folgenden Weise formulieren:

$f_0(p)$ ist dann und nur dann im Einheitskreis regulär und dort von einem Betrage nicht größer als 1, wenn entweder

$$\Delta_1(0) > 0, \Delta_2(0) > 0, \ldots, \Delta_n(0) > 0, \Delta_{n+i}(0) = 0 \qquad (i = 1, 2, \ldots)$$

oder

$$\Delta_k(0) > 0 \qquad (k = 1, 2, \ldots).$$

Die Determinanten $\Delta_\nu(0)$ lassen sich als Hauptabschnittsdeterminanten einer Hermiteschen Form deuten. Nach O. Toeplitz [11] läßt sich der Potenzreihe $g(p) = a_0 + a_1 p + a_2 p^2 + \cdots$

die unendliche Matrix

$$A = \left\|
\begin{array}{cccc}
a_0 & a_1 & a_2 & \ldots \\
0 & a_0 & a_1 & \ldots \\
0 & 0 & a_0 & \ldots \\
\multicolumn{4}{c}{\cdots\cdots\cdots\cdots}
\end{array}
\right\|$$

zuordnen. Mit $\overline{A}'$ wird die folgende Matrix bezeichnet:

$$\overline{A}' = \left\|
\begin{array}{cccc}
\bar{a}_0 & 0 & 0 & \ldots \\
\bar{a}_1 & \bar{a}_0 & 0 & \ldots \\
\bar{a}_2 & \bar{a}_1 & \bar{a}_0 & \ldots \\
\multicolumn{4}{c}{\cdots\cdots\cdots\cdots}
\end{array}
\right\|.$$

Der Matrix A entspricht die Bilinearform

$$A(x, y) = \sum_{j \geqq i} a_{j-i} x_i y_j$$

und der Matrix $\overline{A}'$ die Bilinearform

$$\overline{A}'(x, y) = \sum_{i \geqq j} \bar{a}_{i-j} x_i y_j \qquad (i, j = 0, 1, 2, \ldots).$$

Die Matrix A_ν ist durch

$$A_\nu = \left\|
\begin{array}{ccccc}
a_0 & a_1 & a_2 & \ldots & a_\nu \\
0 & a_0 & a_1 & \ldots & a_{\nu-1} \\
0 & 0 & a_0 & \ldots & a_{\nu-2} \\
\multicolumn{5}{c}{\cdots\cdots\cdots\cdots\cdots} \\
0 & 0 & 0 & \ldots & a_0
\end{array}
\right\|$$

definiert. $\overline{A}'_\nu A_\nu$ kann als Koeffizientenmatrix der Hermiteschen Form

$$\hat{A}_\nu = \sum_{\lambda = 0}^{\nu} |a_0 p_\lambda + a_1 p_{\lambda+1} + \cdots + a_{\nu-\lambda} p_\nu|^2$$

interpretiert werden.

Definiert man für die Potenzreihe $h(p)$ entsprechende Matrizen B und B_ν, so ist $A \cdot B$ die der Potenzreihe $g(p) \cdot h(p)$ zugeordnete Matrix. Die $\Delta_{\nu+1}(0)$ kann man jetzt durch

$$\Delta_{\nu+1}(0) = \left| \begin{array}{c} \overline{B_\nu'} \, A_\nu \\ \overline{A_\nu'} \, B_\nu \end{array} \right|$$

darstellen; entsprechend zu J. SCHUR [19]:

$$\Delta_{\nu+1}(0) = |\overline{B_\nu'} B_\nu - \overline{A_\nu'} A_\nu|. \tag{25}$$

$\Delta_{\nu+1}(0)$ kann als die $(\nu + 1)$-te Hauptabschnittsdeterminante der Hermiteschen Form in unendlich vielen Variablen

$$\hat{H} = \| \, \overline{p}_0, \overline{p}_1, \overline{p}_2, \ldots \, \| \cdot \| \, \overline{B'}B - \overline{A'}A \, \| \cdot \left\| \begin{array}{c} p_0 \\ p_1 \\ p_2 \\ \cdot \\ \cdot \\ \cdot \end{array} \right\|$$

$$= \sum_{i, j = 0}^{\infty} h_{ij} \, \overline{p}_i p_j$$

mit

$$h_{ij} = \sum_{r = 0}^{m} [\overline{b}_{i-r} b_{j-r} - \overline{a}_{i-r} a_{j-r}],$$

wobei m die kleinere der Zahlen i und j ist, gedeutet werden.

Die Form $\hat{H}$ in unendlich vielen Variablen heißt nichtnegativ, wenn jede der Formen

$$\hat{H}_\nu = \sum_{\lambda = 0}^{\nu} [|b_0 p_\lambda + \cdots + b_{\nu-\lambda} p_\nu|^2 - |a_0 p_\lambda + \cdots + a_{\nu-\lambda} p_\nu|^2]$$

mit der Koeffizientendeterminante

$$\Delta_{\nu+1}(0) = |\overline{B_\nu'} B_\nu - \overline{A_\nu'} A_\nu|$$

nichtnegativ ist für $(\nu = 0, 1, 2, \ldots)$.

Die Hermitesche Form $\hat{H}$ ist dann und nur dann nichtnegativ, wenn entweder

$$\Delta_1(0) > 0, \Delta_2(0) > 0, \ldots, \Delta_n(0) > 0, \Delta_{n+i}(0) = 0 \qquad (i = 1, 2, \ldots)$$

oder

$$\Delta_k(0) > 0 \qquad (k = 1, 2, \ldots).$$

Auf diese Weise erhalten wir schließlich die folgende Charakterisierung der Schurschen Funktionen durch eine Hermitesche Form:

$f_0(p)$ ist dann und nur dann regulär in $|p| < 1$ und dort vom Betrage höchstens gleich 1, wenn die zugeordnete Hermitesche Form $\hat{H}$ nichtnegativ ist.

2.6 Koeffizientenbedingungen für positive Funktionen

2.6.1 Bedingungen für die Koeffizienten von Zweipolfrequenzcharakteristiken

Durch Einführung von $g^*(p) = p^n \bar{g}(p^{-1})$ und

$$k(g) = \frac{g(x)\,g^*(y) - g(y)\,g^*(x)}{x - y} = \sum_{i,\,k=0}^{n-1} A_{ik} x^i y^k$$

können die Schurschen Bedingungen für singuläre Schursche Funktionen vereinfacht werden. Man kann die singulären Schurschen Funktionen durch eine Hermitesche Form in endlich vielen Variablen charakterisieren:

$f_0(p)$ ist dann und nur dann eine singuläre Schursche Funktion, wenn für $f_0(p)$ die Darstellung

$$f_0(p) = \varepsilon \frac{g(p)}{p^n \bar{g}(p^{-1})}$$

gilt und die Hermitesche Form

$$\sum_{i,\,k=0}^{n-1} A_{i,\,n-k-1} U_i \cdot \bar{U}_k$$

positiv definit ist.

Ist $f_0(p)$ regulär für $|p| < 1$ und $|f_0(p)| \leq 1$ für $|p| < 1$, dann gilt das Gleichheitszeichen dann und nur dann, wenn $f_0(p) = e^{i\varphi}$ ist. Aequivalent mit den Bedingungen, daß für $|p| < 1$

$$\left| \frac{1 - \hat{\varphi}(p)}{1 + \hat{\varphi}(p)} \right| \leq 1$$

ist, sind die Bedingungen, daß für $|p| < 1$ gilt, $\operatorname{Re} \hat{\varphi}(p) > 0$, wenn $\hat{\varphi}(p) \neq bi$.

Nehmen wir an

$$\hat{\varphi}(p) = \frac{g(p)}{h(p)} = \frac{\displaystyle\sum_{\nu=0}^{\infty} a_\nu p^\nu}{\displaystyle\sum_{\nu=0}^{\infty} b_\nu p^\nu},$$

so wird

$$\frac{1 - \hat{\varphi}(p)}{1 + \hat{\varphi}(p)} = \frac{h(p) - g(p)}{h(p) + g(p)}.$$

Die den Funktionen $g(p)$ und $h(p)$ zugeordneten Matrizen seien A und B, dann sind den Potenzreihen $h(p) - g(p)$ und $h(p) + g(p)$ die Matrizen B — A und B + A zugeordnet. Entsprechend zu (25) gilt hier

$$(\bar{B}' + \bar{A}')(B + A) - (\bar{B}' - \bar{A}')(B - A) = 2(\bar{B}'A + \bar{A}'B).$$

Auf Grund dieser Transformation der zugeordneten unendlichen Matrizen erhält man aus den kennzeichnenden Bedingungen für Schursche Funktionen solche für Carathéodorysche Funktionen:

$\hat{\varphi}(p)$ ist dann und nur dann regulär im Einheitskreis $|p| < 1$ und hat dort positiven Realteil, wenn die Determinanten der Hermiteschen Form $\hat{H}$

$$d_\nu = |\overline{B}'_\nu A_\nu + \overline{A}'_\nu B_\nu|$$

eine der folgenden Bedingungen erfüllen:

Entweder gilt

$$d_\nu > 0 \qquad (\nu = 0, 1, \ldots, n - 1)$$
$$d_\nu = 0 \qquad (\nu = n, n + 1, \ldots, \infty)$$

oder

$$d_\nu > 0 \qquad (\nu = 0, 1, \ldots, \infty).$$

Ist $d_0 > 0$, dann ist $\hat{\varphi}(p) \neq bi$. Der triviale Fall $\hat{\varphi}(p) = bi$, wo $d_\nu = 0$ für $\nu = 0, 1, \ldots, \infty$, ist ausgeschlossen. Setzen wir $h(p) \equiv 1$, so sind diese Bedingungen identisch mit den Carathéodoryschen Bedingungen.

Nehmen wir nun reelle Koeffizienten an und führen wir die symmetrische Matrix

$$D_\nu = \overline{B}'_\nu A_\nu + \overline{A}'_\nu B_\nu$$

ein, so erhalten wir für die Elemente c_{ik} dieser Matrix

$$c_{ik} = \sum_{r=0}^{k} e_{i-r, k-r} \quad \text{mit} \quad i \geq k$$

und

$$e_{ik} = a_i b_k + a_k b_i \qquad (i, k = 0, 1, \ldots, \nu).$$

Für die Berechnung der Determinanten d_ν ist die Benutzung der Beziehung

$$c_{ik} = e_{ik} + c_{i-1, k-1}$$

zweckmäßig.

Um notwendige und hinreichende Koeffizientenbedingungen für positive reelle Funktionen $Z(p)$ zu erhalten, bilden wir zunächst die zugehörige Carathéodorysche Funktion

$$C(p) = Z\left(\frac{1-p}{1+p}\right) = \frac{a_0 + a_1 p + a_2 p^2 + \cdots + a_n p^n}{b_0 + b_1 p + b_2 p^2 + \cdots + b_m p^m}.$$

Dann berechnet man die Größen

$$e_{ik} = a_i b_k + a_k b_i \qquad (i, k = 0, 1, \ldots, N),$$

wobei N die größere der beiden Zahlen n und m bedeutet. Berechnung der symmetrischen Determinanten d_ν:

$$d_0 = e_{00}$$

$$d_1 = \begin{vmatrix} e_{00} & e_{10} \\ e_{10} & e_{00} + e_{11} \end{vmatrix}$$

$$d_2 = \begin{vmatrix} e_{00} & e_{10} & e_{20} \\ e_{10} & e_{00} + e_{11} & e_{10} + e_{21} \\ e_{20} & e_{10} + e_{21} & e_{00} + e_{11} + e_{22} \end{vmatrix}$$

$$d_3 = \begin{vmatrix} e_{00} & e_{10} & e_{20} & e_{30} \\ e_{10} & e_{00} + e_{11} & e_{10} + e_{21} & e_{20} + e_{31} \\ e_{20} & e_{10} + e_{21} & e_{00} + e_{11} + e_{22} & e_{10} + e_{21} + e_{32} \\ e_{30} & e_{20} + e_{31} & e_{10} + e_{21} + e_{32} & e_{00} + e_{11} + e_{22} + e_{33} \end{vmatrix}$$

usw.

Ist eine dieser Determinanten negativ, so ist $Z(p)$ keine positive reelle Funktion.

2.6.2 Verallgemeinerung eines Theorems von W. CAUER und B. D. H. TELLEGEN

Anknüpfend an die Darstellung (23) für singuläre Schursche Funktionen ergibt sich: Notwendig und hinreichend für singuläre Carathéodorysche Funktionen $\varphi(p)$ ist die folgende Darstellung:

$$\varphi(p) = \frac{R(p) - \varepsilon p^n \overline{R}(p^{-1})}{R(p) + \varepsilon p^n \overline{R}(p^{-1})},$$

wobei alle Wurzeln von $R(p)$ außerhalb des Einheitskreises liegen. Diese Darstellung führt schließlich zu dem Theorem: Notwendig und hinreichend für singuläre Brunesche Funktionen ist die Darstellung

$$\Phi(p) = \frac{f(p) - \varepsilon \overline{f}(-p)}{f(p) + \varepsilon \overline{f}(-p)}, \tag{26}$$

wobei $f(p)$ ein Hurwitzpolynom ist und $|\varepsilon| = 1$.

Spezialisieren wir dieses Theorem durch die Annahme, daß $\Phi(p)$ reell für reelle p ist, so folgt $\varepsilon = \pm 1$, und wir erhalten das Theorem von W. CAUER [20], daß die Summe von Zähler und Nenner einer Reaktanzfunktion ein Hurwitzpolynom ist und daß der Quotient aus geradem und ungeradem Teil eines Hurwitzpolynoms eine Reaktanzfunktion ist. B. D. H. TELLEGEN [21] hat einen anderen Beweis dieses Theorems gegeben, der eine physikalische Interpretation gestattet.

2.7 Der Zusammenhang der Frequenzcharakteristiken von Zweipolen mit
zwei Widerstandsarten und Hurwitzpolynomen

Bezeichnet man mit

I) $f_{LC}(p)$ bzw. II) $f_{LR}(p)$ bzw. III) $f_{RC}(p)$

die Frequenzcharakteristiken von elektrischen Netzwerken (Zweipolen), die nur

I) $L-C$ bzw. II) $L-R$ bzw. III) $R-C$

Elemente enthalten, so ergibt sich aus Theoremen von R. Foster [13] und
W. Cauer [20] die Beziehung

$$f_{LC}(p) = p^{-1} \cdot f_{LR}(p^2) = p \cdot f_{RC}(p^2).$$

Hieraus ergibt sich:

$Z(p)$ ist dann und nur dann Impedanzfunktion eines Zweipols mit zwei Widerstandsarten, wenn für $Z(p)$ die folgenden Darstellungen gelten:

I) a) $Z(p) = \dfrac{g(p^2)}{p\,u(p^2)}$ oder b) $Z(p) = \dfrac{p\,u(p^2)}{g(p^2)}$

bzw.

II) a) $Z(p) = \dfrac{g(p)}{u(p)}$ oder b) $Z(p) = \dfrac{p\,u(p)}{g(p)}$ $\qquad$ (27)

bzw.

III) a) $Z(p) = \dfrac{g(p)}{p\,u(p)}$ oder b) $Z(p) = \dfrac{u(p)}{g(p)}$,

wobei

$$g(p^2) = \frac{1}{2}\,[h(p) + h(-p)]$$

und

$$u(p^2) = \frac{1}{2\,p}\,[h(p) - h(-p)]$$

und $h(p)$ ein Hurwitzpolynom ist.

Da kennzeichnende Koeffizientenbedingungen für Hurwitzpolynome bekannt
sind [22], folgen aus diesen Zusammenhängen notwendige und hinreichende
Koeffizientenbedingungen für die Frequenzcharakteristiken elektrischer Netzwerke mit zwei Widerstandsarten. Der Fall I) ist bereits von W. Cauer [20]
untersucht, doch lassen sich seine Koeffizientenbedingungen noch vereinfachen.

Jedem Hurwitzpolynom $h(p)$ sind je zwei Impedanzen der drei Klassen zugeordnet, und umgekehrt gehört zu jeder Impedanz ein Hurwitzpolynom. Nach
F. M. Reza [23] ist mit $h(p)$ auch $d^n h(p)/dp^n$ ein Hurwitzpolynom, woraus er
die folgende Verallgemeinerung des Theorems von Foster und Cauer herleitet:

1. Ist $P(p)/Q(p)$ eine Reaktanzfunktion, dann ist auch $(d^n P(p)/dp^n)/(d^n Q(p)/dp^n)$ eine Reaktanzfunktion.
2. Ist $P(p)/Q(p)$ die Impedanzfunktion eines LR- bzw. RC-Netzwerkes, dann ist auch $(d^n P(p)/dp^n)/(d^n Q(p)/dp^n)$ die Impedanz eines LR- bzw. RC-Netzwerkes.

Schreiben wir an Stelle des Hurwitzpolynoms $h(p)$ in (27) irgendeine Ableitung $d^n h(p)/dp^n$, so erhalten wir wieder Impedanzen. Im Fall I) erhalten wir die gleichen, in den beiden Fällen II) und III) aber andere Impedanzen als F. M. REZA auf Grund seines Theorems.

2.8 Reduktionsalgorithmus für Hurwitzpolynome und Reaktanznetzwerke

2.8.1 *Der Bücknersche Reduktionsalgorithmus*

Von H. BÜCKNER [24] stammt der folgende Reduktionsalgorithmus für Hurwitzpolynome:

Ist
$$f_n(p) = a_0 p^n + a_1 p^{n-1} + \cdots + a_n$$

ein Hurwitzpolynom n-ten Grades, so ist auch das Polynom k-ten Grades ($k \leq n$)

$$D_k(p; c_1, \ldots, c_k) = \begin{vmatrix} 1 + c_1 p & -1 & 0 & 0 & \ldots & 0 \\ 1 & c_2 p & -1 & 0 & \ldots & 0 \\ 0 & 1 & c_3 p & -1 & \ldots & 0 \\ . & & . & . & . & . \\ . & & . & . & . & \\ . & & . & . & . & . \\ 0 & 0 & 0 & 0 & \ldots & c_k p \end{vmatrix}$$

ein Hurwitzpolynom, wobei $c_\nu = H_{\nu-2}^{-1} \cdot H_{\nu-1}^2 \cdot H_\nu^{-1}$, $H_{-1} = a_0^{-1}$, $H_0 = 1$. H_ν ist dabei die Hurwitzdeterminante ν-ter Ordnung des Polynoms $f_n(p)$ ($k, \nu = 1, 2, \ldots, n$). Dieser Algorithmus läßt sich in der folgenden Weise durch elektrische Netzwerke interpretieren [12]:

Es sei
$$F_n(p) = \frac{f_n(p) + f_n(-p)}{f_n(p) - f_n(-p)}$$

und n gerade. Nach (26) ist $F_n(p)$ eine Reaktanzfunktion, die durch das Netzwerk Abb. 1 realisiert werden kann.

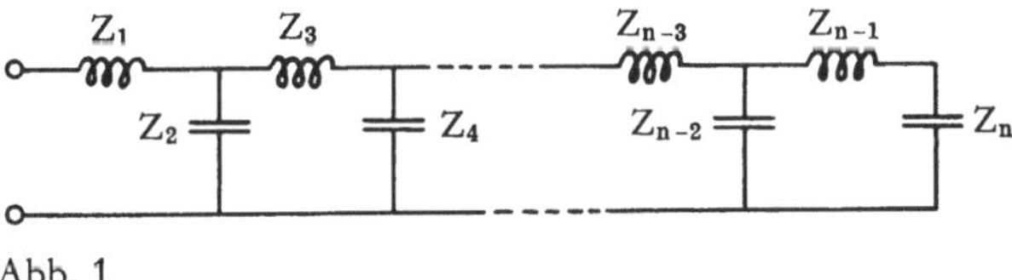

Abb. 1

Die Größen der Induktivitäten und Kapazitäten werden durch $Z_\nu = R_{\nu-1} R_\nu^{-1}$ ($\nu = 1, 2, \ldots, n$) gegeben. R_ν ist dabei die ν-te Routhsche Probefunktion des Polynoms $f_n(p)$. Die Z_ν können also mit dem Routhschen Schema [25, 26] bestimmt werden. Nach H. CREMER [27] läßt sich das Routhsche Schema mit Unterdeterminanten der Hurwitzdeterminante H_n schreiben; insbesondere gilt $R_\nu = H_\nu H_{\nu-1}^{-1}$.

Setzen wir Z_n^{-1} gleich Null, d. h. lassen wir in Abb. 1 den letzten Kondensator fort, so erhalten wir ein Netzwerk, dessen Impedanz $F_{n-1, \mathrm{B}}(p)$ lautet:

$$F_{n-1, \mathrm{B}}(p) = \frac{f_{n-1, \mathrm{B}}(p) - f_{n-1, \mathrm{B}}(-p)}{f_{n-1, \mathrm{B}}(p) + f_{n-1, \mathrm{B}}(-p)},$$

wobei $f_{n-1, \mathrm{B}}(p)$ das nach BÜCKNER reduzierte Hurwitzpolynom vom Grad $(n-1)$ ist mit

$$f_{n-1, \mathrm{B}}(p) = D_{n-1}(p, c_1, c_2, \ldots, c_{n-1}).$$

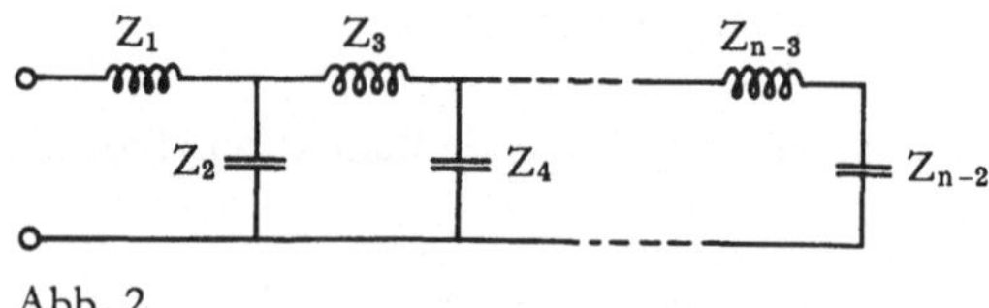

Abb. 2

Setzen wir anschließend auch noch Z_{n-1}^{-1} gleich Null, so erhalten wir das Netzwerk Abb. 2, dessen Impedanz die Reaktanzfunktion

$$F_{n-2, \mathrm{B}}(p) = \frac{f_{n-2, \mathrm{B}}(p) + f_{n-2, \mathrm{B}}(-p)}{f_{n-2, \mathrm{B}}(p) - f_{n-2, \mathrm{B}}(-p)}$$

ist, wobei $f_{n-2, \mathrm{B}}(p)$ das Hurwitzpolynom

$$f_{n-2, \mathrm{B}}(p) = D_{n-2}(p, c_1, c_2, \ldots, c_{n-2})$$

ist. Das Verfahren kann fortgesetzt werden, so daß wir das allgemeine Ergebnis erhalten:

Setzt man sukzessive die Parameter Z_n^{-1}, Z_{n-1}^{-1}, $\ldots$, Z_2^{-1} gleich Null, so erhalten wir Netzwerke mit den Impedanzen $F_{n-1, \mathrm{B}}(p)$, $F_{n-2, \mathrm{B}}(p)$, $\ldots$, $F_{1, \mathrm{B}}(p)$ für die gilt:

$$F_{k, \mathrm{B}}(p) = \frac{f_{k, \mathrm{B}}(p) + (-1)^k f_{k, \mathrm{B}}(-p)}{f_{k, \mathrm{B}}(p) + (-1)^{k+1} f_{k, \mathrm{B}}(-p)},$$

wobei $f_{k, \mathrm{B}}(p)$ das Hurwitzpolynom k-ten Grades mit

$$f_{k, \mathrm{B}}(p) = D_k(p, c_1, c_2, \ldots, c_k) \qquad (k = n-1, n-2, \ldots, 1)$$

ist.

Damit ist der Zusammenhang zwischen den Bücknerschen reduzierten Polynomen und elektrischen Netzwerken gegeben. Ist n ungerade, so ist eine unwesentliche Modifikation des Verfahrens nötig.

Es ergibt sich die Frage, welcher Art die Polynome sind, die wir analog erhalten, wenn wir die Größen Z_1, Z_2, $\ldots$, Z_{n-1} nacheinander gleich Null setzen.

42

2.8.2 Der Schursche Reduktionsalgorithmus

Wir gehen wieder aus von dem Netzwerk Abb. 1 mit der Impedanz $F_n(p)$.

Wir setzen zuerst die Größe Z_1 gleich Null und erhalten ein Netzwerk, bei dem die erste Induktivität fehlt und dessen Impedanz mit $F_{n-1,s}(p)$ bezeichnet werde.

Es folgt

$$F_{n-1,s}(p) = \frac{f_{n-1,s}(p) + f_{n-1,s}(-p)}{f_{n-1,s}(p) - f_{n-1,s}(-p)},$$

wobei $f_{n-1,s}(p)$ ein Hurwitzpolynom vom Grad $(n-1)$ ist.

Setzen wir weiterhin Z_2 gleich Null, so erhalten wir das Netzwerk Abb. 3, mit der Impedanz

$$F_{n-2,s}(p) = \frac{f_{n-2,s}(p) + f_{n-2,s}(-p)}{f_{n-2,s}(p) - f_{n-2,s}(-p)},$$

wobei $f_{n-2,s}(p)$ ein Hurwitzpolynom vom Grad $(n-2)$ ist.

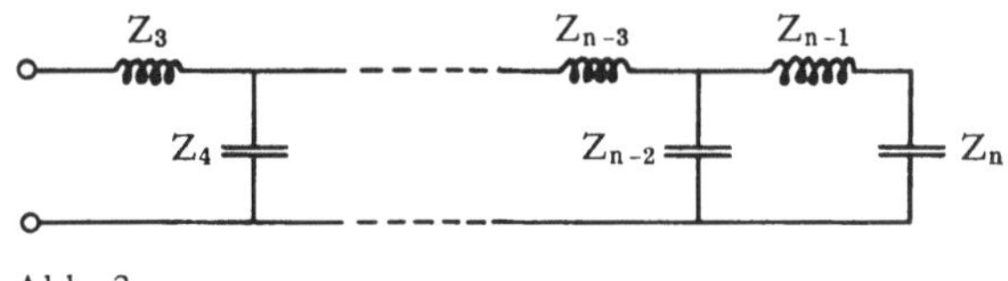

Abb. 3

Setzt man nacheinander die Größen $Z_1, Z_2, \ldots, Z_n$ gleich Null, so erhält man eine Folge von Netzwerken mit den Impedanzen $F_{n-1,s}(p)$, $F_{n-2,s}(p)$, ..., $F_{1,s}(p)$, für die gilt:

$$F_{k,s}(p) = \frac{f_{k,s}(p) + f_{k,s}(-p)}{f_{k,s}(p) - f_{k,s}(-p)} \qquad (k = n-1, n-2, \ldots, 1).$$

Bildet man die Summe von Zähler und Nenner dieser Reaktanzfunktionen, so erhält man eine Folge von Hurwitzpolynomen $f_{k,s}(p)$ vom Grade k ($k = n-1$, ..., 1).

Nach J. SCHUR [28] gilt der folgende Reduktionsalgorithmus für Hurwitzpolynome:

Das Polynom

$$h_n(p) = \sum_{\nu=0}^{n} a_\nu p^\nu$$

ist dann und nur dann ein Hurwitzpolynom, wenn

$$a_0 \neq 0, \quad \mathrm{Re}\,(a_1 a_0^{-1}) > 0$$

und das Polynom vom Grad $(n-1)$

$$h_{n-1}(p) = p^{-2}[h_n(p)\,\varphi(p) - \bar{h}_n(-p)\,\psi(p)]$$

ein Hurwitzpolynom ist, wobei

$$\varphi(p) = \bar{a}_0 p - \bar{a}_1 \alpha p + \bar{a}_0 \alpha$$

und

$$\psi(p) = a_0 p + a_1 \alpha p + a_0 \alpha.$$

$\bar{h}_n(p)$ ist das Polynom mit den konjugiert komplexen Koeffizienten von $h_n(p)$, und α bedeutet eine Zahl mit negativem Realteil. Nun spezialisieren wir das Schursche Theorem, indem wir reelle Koeffizienten annehmen und $\alpha = - a_0 \, a_1^{-1}$ setzen. Dann gilt der Algorithmus:

Das Polynom

$$h_{n-\beta}(p) = \sum_{\nu=0}^{n-\beta} a_{\nu,\,n-\beta} p^\nu \qquad (a_{0,\,n-\beta} > 0)$$

ist dann und nur dann ein Hurwitzpolynom, wenn $a_{1,\,n-\beta} > 0$ und das Polynom vom Grad $(n - \beta - 1)$

$$h_{n-\beta-1}(p) = \frac{h_{n-\beta}(p)}{p} - \frac{a_{0,\,n-\beta}}{a_{1,\,n-\beta}} \cdot \frac{h_{n-\beta}(p) - h_{n-\beta}(-p)}{2\,p^2}$$

ein Hurwitzpolynom ist ($\beta = 0, 1, \ldots, n - 2$).

Beginnen wir mit dem Hurwitzpolynom $h_n(p)$, so führt dieser Algorithmus zu einer Folge

$$h_{n-1}(p), \, h_{n-2}(p), \, \ldots, h_1(p)$$

von Hurwitzpolynomen. Ist $h_k(p)$ ein Hurwitzpolynom, dann ist auch $p^k h_k(p^{-1})$ ein Hurwitzpolynom und umgekehrt. Die Polynome $p^k h_k(p^{-1})$ sind identisch mit den Polynomen $f_{k,\,s}(p)$, die wir erhielten, indem wir nacheinander die Größen $Z_1, Z_2, \ldots, Z_{n-1}$ gleich Null setzten.

2.8.3 Deutung der Bücknerschen Formel für die Stabilitätsgüte von Regelungssystemen mit Hilfe eines Reaktanznetzwerkes

Nach Abschnitt 2.8.1 läßt sich der Folge $f_{k,\,B}(p)$ ($k = n, n - 1, \ldots, 1$) von Hurwitzpolynomen ein Reaktanznetzwerk mit der Impedanz

$$F_n(p) = \frac{f_{n,\,B}(p) + f_{n,\,B}(-p)}{f_{n,\,B}(p) - f_{n,\,B}(-p)}$$

zuordnen. Z_k ($k = 1, 2, \ldots, n$) seien die Induktivitäten und Kapazitäten dieses Netzwerkes, durch die sich eine Formel von H. BÜCKNER [24] für die Stabilitätsgüte ausdrücken läßt:

Ein Regelungssystem werde durch die Differentialgleichung $f_n(p) \cdot y(t) = z(t)$ beschrieben, wobei $f_n(p)$ ein Hurwitzpolynom und p den Differentialoperator nach der Zeit bedeuten. Jede Lösung $\varepsilon(t)$ der homogenen Differentialgleichung $f_n(p) \cdot y(t) = 0$ strebt dann mit wachsendem t gegen Null, und das Integral

$$Y = \int\limits_0^\infty \varepsilon^2(t)\, dt$$

existiert und ist ein Maß für die Stabilitätsgüte des Systems [29, 30]. Die Anfangsbedingungen seien $p^k \varepsilon(0) = \varepsilon^{(k)}(0)$ $(k = 0, 1, \ldots, n-1)$.

Die Formel von H. Bückner für das Integral Y läßt sich durch die Größen Z_k und durch die Folge der reduzierten Hurwitzpolynome $f_{k,\,B}(p)$ ausdrücken:

$$2\,Y = \sum_{k=1}^{n} Z_k [f_{k-1,\,B}(p) \cdot \varepsilon(0)]^2, \quad f_{0,\,B}(p) \equiv 1.$$

Vereinfachen wir die Anfangsbedingungen zu $\varepsilon(0) = 1$, $\varepsilon^{(r)}(0) = 0$ $(r = 1, 2, \ldots, n-1)$, so ist das Integral Y gleich der halben Summe der Größen der Induktivitäten und Kapazitäten des zugeordneten Netzwerkes [44]:

$$\int\limits_0^\infty \varepsilon^2(t)\, dt = 1/2 \sum_{n=1}^{n} Z_k$$

3. Untersuchung des Aufwandes an Schaltelementen bei neueren Syntheseverfahren für elektrische Netzwerke

3.1 Die Bott-Duffin-Synthese und ihre Modifikationen

Es sei $f_1(p)$ eine rationale nichtnegative reelle Funktion ohne Null- und Polstellen auf der imaginären Achse. Außerdem sei durch den Bruneschritt a [8]- d. h. durch Abspaltung des Minimumrealteiles bereits erreicht, daß gilt

$$f_1(i\,\omega_0) = \begin{cases} +\,i\,\omega_0 L_1 & \text{Fall A} \\ \\ -\,i\,\omega_0 L_1 & \text{Fall B} \end{cases} \quad \text{mit} \quad \omega_0 > 0 \quad \text{und} \quad L_1 > 0. \tag{28}$$

Mit $\omega_0 L_1 = H$ entspricht Fall A dem Fall III und Fall B dem Fall I bei Brune. R. Bott – R. J. Duffin [17] haben durch Verallgemeinerung eines Theorems von P. I. Richards [18] gezeigt, daß mit $f_1(p)$ auch

$$F_1(p) = \frac{k\,f_1(p) - p\,f_1(k)}{k\,f_1(k) - p\,f_1(p)}, \qquad k > 0, \tag{29}$$

eine rationale nichtnegative reelle Funktion ist, deren Grad nach Kürzen des Zähler und Nenner gemeinsamen Faktors $(p - k)$ nicht größer als der von $f_1(p)$ ist.

Im Falle A kann man stets ein $k > 0$ finden, derart, daß $F_1(i\,\omega_0) = 0$ ist. Der Zähler von $F_1(i\,\omega_0)$ verschwindet, wenn es ein k gibt, derart, daß

$$\frac{f_1(k)}{k} = L_1 \tag{30}$$

ist. Wenn k die positiven Werte von Null bis Unendlich durchläuft, so nimmt $f_1(k)/k$ jeden positiven Wert wenigstens einmal an, da die Funktion $f_1(k)/k$ im Nullpunkt einen Pol besitzt und im unendlich fernen Punkt verschwindet. Aus einem Satz von W. Cauer [1] folgt, daß $f_1(k)/k$ jeden positiven Wert für alle $k > 0$ höchstens einmal annimmt. Damit ist gezeigt, daß ein und nur ein Wert $k = k_1 > 0$ existiert, welcher der Relation (30) genügt. Der Nenner von $F_1(i\,\omega_0)$ verschwindet für k_1 offensichtlich nicht.

Im Falle B kann man stets ein $k > 0$ finden, derart, daß $F_1(p)$ für $p = i\,\omega_0$ einen Pol hat. Der Nenner von $F_1(i\,\omega_0)$ verschwindet, wenn es ein k gibt, derart, daß

$$k\,f_1(k) = \omega_0^2 L_1 \tag{31}$$

ist. Die Funktion $k\,f_1(k)$ nimmt offenbar jeden positiven Wert wenigstens einmal an, wenn k die positiven Werte von Null bis Unendlich durchläuft. Aus dem Satz von W. Cauer folgt, daß $k f_1(k)$ jeden positiven Wert für alle $k > 0$ höchstens einmal annimmt. Damit ist gezeigt, daß ein und nur ein Wert $k = k_2 > 0$ existiert, welcher der Relation (31) genügt. Der Zähler von $F_1(i \omega_0)$ verschwindet für k_2 offensichtlich nicht. Der Fall B kann auch durch Betrachten von $f_1^{-1}(p)$ auf den Fall A zurückgeführt werden.

Umformung von (29) ergibt

$$f_1(p) = \cfrac{1}{\cfrac{k}{p f_1(k)} + \cfrac{F_1(p)}{f_1(k)}} + \cfrac{1}{\cfrac{1}{f_1(k)\, F_1(p)} + \cfrac{p}{k f_1(k)}} \tag{32}$$

mit der folgenden Realisierung von $f_1(p)$ als Impedanz:

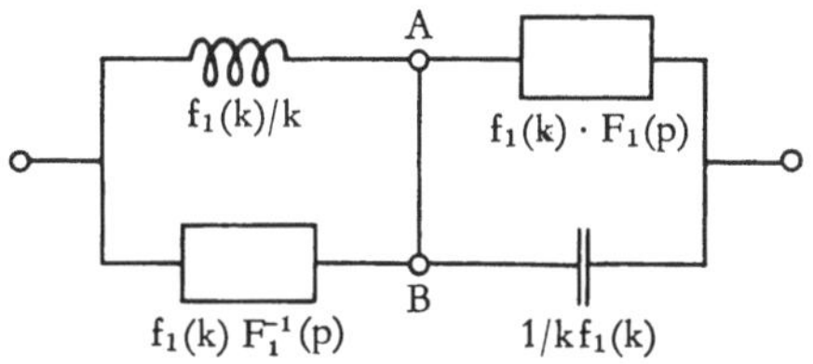

Abb. 4

Wegen

$$\frac{f_1(k)}{k}\, p\, \frac{k f_1(k)}{p} = f_1(k)\, F_1^{-1}(p)\, f_1(k)\, F_1(p) = f_1^2(k)$$

kann man den Zweipol von Abb. 4 auch als abgeglichene Brücke darstellen:

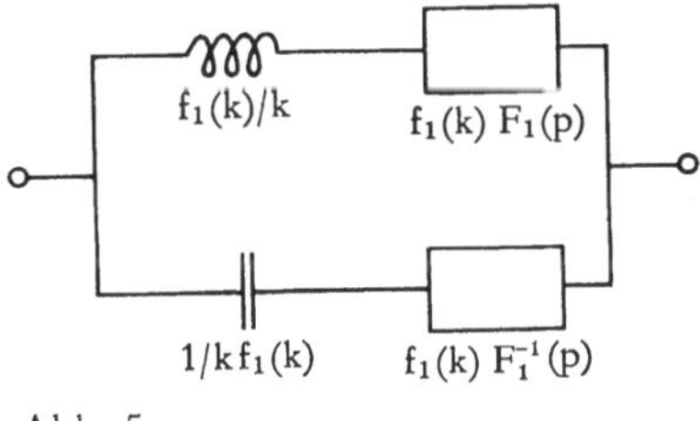

Abb. 5

Diese Darstellung folgt auch unmittelbar aus der Zerlegung

$$f_1(p) = \cfrac{1}{\cfrac{1}{\dfrac{f_1(k)}{k} p + f_1(k)\, F_1(p)} + \cfrac{1}{\dfrac{k f_1(k)}{p} + f_1(k)\, F_1^{-1}(p)}} \;\cdot$$

Realisierung von $f_1(k)\, F_1^{-1}(p)$ als Widerstand (Fall A) oder Leitwert (Fall B) und von $f_1(k)\, F_1(p)$ als Leitwert (Fall A) oder Widerstand (Fall B) durch Abspaltung der Pole bei $p = \pm\, i \omega_0$ führt zu einer Gradreduzierung von $f_1(k)\, F_1^{-1}(p)$

und $f_1(k) \, F_1(p)$ um zwei. Nach Anwendung des Bruneschrittes a auf die nach Abspaltung der Polteile erhaltenen Restfunktionen kann das BOTT-DUFFIN-Verfahren erneut angewandt werden.

Die Zahl der bei einer Impedanzfunktion vom Grade $n \geq 2$ auftretenden Schaltelemente N wird im allgemeinen Fall angegeben durch:

$$N = 2^{\frac{n}{2} + 3} - 6, \quad \text{wenn n gerade ist}$$

und

$$N = 5 \cdot 2^{\frac{n+1}{2}} - 6, \quad \text{wenn n ungerade ist,}$$

während beim Bruneverfahren nur $2\,n + 1$ Elemente auftreten.

Ein anderer Beweis für die Realisierung einer nichtnegativen reellen Funktion ohne Benutzung festgekoppelter Übertrager stammt von F. M. REZA [31]. Er sei an dem Fall A erläutert.

Bildet man $f_2(p)$ nach Bruneschritt b, so hat $f_2(p)$ bei der Wahl $L_1 = H/\omega_0 > 0$ eine Nullstelle für $p = i\,\omega_0$ und eine weitere Nullstelle $p = k > 0$.

Spaltet man von der nicht notwendig nichtnegativen reellen Funktion $f_2^{-1}(p)$ die Polteile zu den einfachen Polen bei $p = \pm\, i\,\omega_0$ ab, so erhält man

$$f_2^{-1}(p) = \frac{L_2^{-1}p}{p^2 + \omega_0^2} + \frac{1}{L_3 p + f_4(p)}.$$

Nach BRUNE [8] ist $L_2 > 0$, $L_3 < 0$ und $f_4(p)$ eine nichtnegative reelle Funktion. Wegen $\omega_0^2 = 1/L_2 c$ läßt sich die obige Beziehung schreiben:

$$\frac{1}{f_1(p) - L_1 p} = \frac{c p}{c L_2 p^2 + 1} + \frac{1}{L_3 p + f_4(p)}. \tag{33}$$

Da $f_2(p)$ die Nullstelle $p = k > 0$ besitzt, so folgt mit

$$f_1(k) - L_1 k = 0$$
$$L_3 k + f_4(k) = 0. \tag{34}$$

Wählt man nach REZA die Konstante B in

$$\Phi(p) = f_1^{-1}(p) - B p$$

zu

$$B = \frac{1}{k f_1(k)} = \frac{1}{L_1 k^2},$$

so verschwindet mit $f_2(p)$ auch $\Phi(p)$ für $p = k$.

Betrachtet man den Quotienten

$$\frac{f_2(p)}{\Phi(p)} = \frac{f_1(p) - L_1 p}{L_1 k^2 - p f_1(p)} f_1(p) \, L_1 k^2,$$

so hat Reza bewiesen, daß die Funktion

$$Z_1(p) = k \frac{f_1(p) - L_1 p}{L_1 k^2 - p f_1(p)} \tag{35}$$

mit $L_1 > 0$ eine nichtnegative reelle Funktion ist:

$Z_1(p)$ ist regulär für Re $p > 0$; der Gradunterschied von Zähler und Nenner beträgt höchstens eins, und es gilt Re $Z_1(i\omega) \geqq 0$ wegen

$$\text{Re } Z_1(i\omega) = k \frac{L_1 U(k^2 + \omega^2)}{(L_1 k^2 + \omega V)^2 + \omega^2 U^2}$$

mit $Z_1(i\omega) = U + iV$.

Berücksichtigt man (30), so folgt $Z_1(p) \equiv F_1(p)$ nach (29) und die Netzwerkrealisierung nach Abb. 4 oder 5.

Die Realisierung von $f_1(p)$ ist damit auf die von $Z_1(p)$ bzw. $Z_1^{-1}(p)$ zurückgeführt. Es gilt

$$\frac{1}{Z_1(p)} = \frac{L_1 k^2 - p f_1(p)}{k(f_1(p) - L_1 p)} = \frac{L_1(k^2 - p^2)[c(L_2 + L_3)p^2 + cZ(p)p + 1]}{k(L_3 p + Z(p))(cL_2 p^2 + 1)} - \frac{p}{k}.$$

Spaltet man von $Z_1^{-1}(p)$ die Polteile zu den Polen bei $p = \pm i/\sqrt{L_2 c}$ mit dem Residuum $L_1(k^2 L_2 c + 1)/2\,k L_2^2 c$ ab, so erhält man

$$\frac{1}{Z_1(p)} = \frac{\dfrac{L_1(k^2 L_2 c + 1)}{k L_2^2 c}\,p}{p^2 + \dfrac{1}{cL_2}} + Z_A^*(p) \tag{35}$$

und als Darstellung für $L_1 k/Z_1(p)$ Abb. 6 mit

$$Z_A(p) = L_1 k Z_A^*(p) = \frac{L_1^2}{L_3} \cdot \frac{L_3 k^2 + p Z(p)}{L_3 p + Z(p)} \tag{36}$$

und

$$L_A = \frac{L_1^2(k^2 L_2 c + 1)}{L_2}, \qquad C_A = \frac{L_2^2 c}{L_1^2(k^2 L_2 c + 1)}.$$

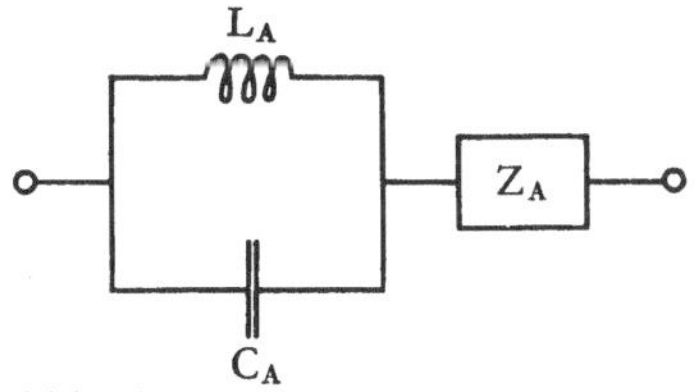

Abb. 6

Entsprechend findet man die Realisierung von $k L_1 Z_1(p)$ in Abb. 7 mit

$$L_B = \frac{k^2 L_2^2 c}{k^2 L_2 c + 1}, \qquad C_B = \frac{k^2 L_2 c + 1}{k^2 L_2}$$

49

und

$$Z_B = k\,L_1 Z_A^{*-1}(p) = k^2 L_3 \cdot \frac{L_3 p + Z(p)}{p\,Z(p) + L_3 k^2} \,.\tag{37}$$

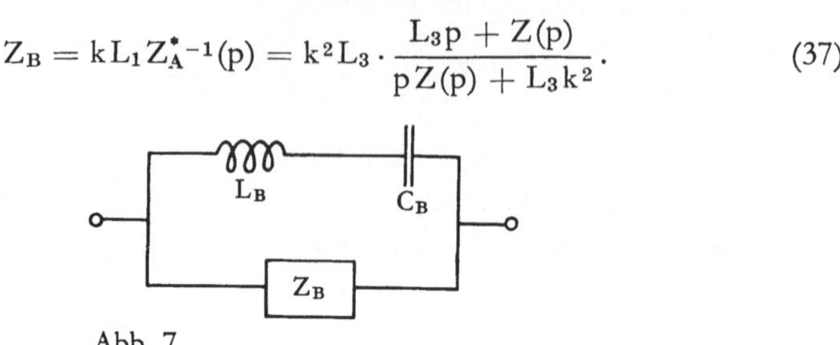

Abb. 7

Schließlich zeigt Abb. 8 die Gesamtrealisierung von $f_1(p)$:

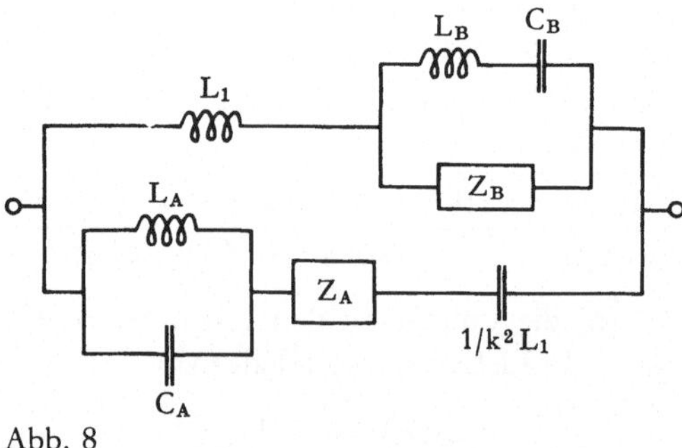

Abb. 8

Erfordert die Darstellung von Z_A und Z_B nach BRUNE festgekoppelte Übertrager, so wendet man das gleiche Verfahren auf Z_A und Z_B an. Man gelangt
auf diese Weise zu einer Realisierung einer positiven reellen Funktion $f_1(p)$
ohne Verwendung festgekoppelter Übertrager.

V. BELEVITCH [32] hat einen vereinfachten Beweis des Reduktionsalgorithmus
von BOTT und DUFFIN gegeben. Er geht dazu von der Brücke Abb. 9 aus mit
der normierten Impedanz $z(p) = Z(p)/R$, wobei R später bestimmt wird.

$z_1(p)$ und $z_2(p)$ sind nichtnegative reelle Funktionen. Nach Abb. 9 ist dann auch

$$z(p) = \frac{z_1 z_2 + 1}{z_1 + z_2}\tag{38}$$

eine nichtnegative reelle Funktion.

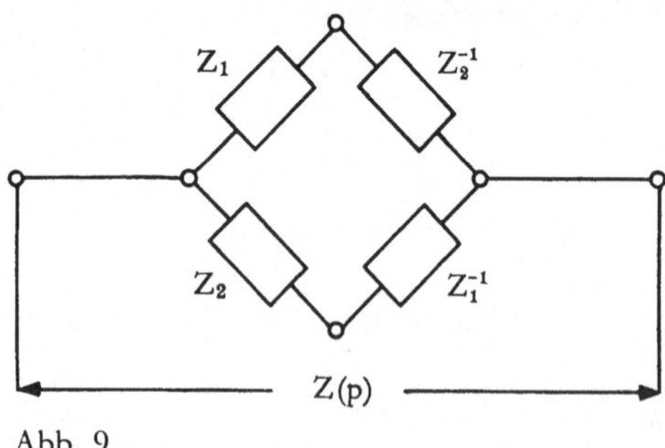

Abb. 9

Die Transformation

$$s(p) = \frac{z(p) - 1}{z(p) + 1} \tag{39}$$

führt zu einer für $\mathrm{Re}\, p > 0$ beschränkten Funktion $s(p)$, d. h. es gilt:

$$s(p) \quad \text{ist regulär für} \quad \mathrm{Re}\, p > 0$$

und

$$|s(p)| < 1 \quad \text{für} \quad \mathrm{Re}\, p > 0.$$

Genügt umgekehrt $s(p)$ dieser Bedingung, so ist

$$z(p) = \frac{1 + s(p)}{1 - s(p)}$$

eine positive reelle Funktion. Mit $z(p)$ ist auch $s(p)$ reellwertig auf der reellen Achse. Die Größe $s(p)$ wird Streufunktion oder Echoübertragungsfaktor genannt in Analogie zu anderen Übertragungsfaktoren; denn $\ln |s^{-1}(p)|$ ist die Echodämpfung, ein Maß für das Verhältnis der an einen angepaßten Verbraucher R abgegebenen zur reflektierten Leistung, wenn $z(p)$ den Eingangsbetriebswiderstand des mit R abgeschlossenen Vierpols bedeutet. Gilt ferner

$$s_i(p) = \frac{z_i(p) - 1}{z_i(p) + 1} \qquad i = 1, 2,$$

so folgt aus (38) und (39)

$$s(p) = s_1(p) \cdot s_2(p). \tag{40}$$

Es soll jetzt R, $Z_1(p) = R z_1(p)$ und $Z_2(p) = R z_2(p)$ so bestimmt werden, daß $R z(p) = f_1(p)$ wird, wobei $f_1(p)$ die zu realisierende vorgegebene nichtnegative reelle Funktion ist, die den genannten Bedingungen genügen soll, und $Z_2(p)$ von nicht höherem Grad als $f_1(p)$ ist. Der Vergleich von Abb. 9 und 5 legt nahe, als Darstellung für $z_1(p)$ eine Induktivität anzunehmen:

$$z_1(p) = \frac{p}{k}, \qquad k > 0, \tag{41}$$

$z_1^{-1}(p)$ stellt dann eine Kapazität dar. Wegen

$$s_1(p) = \frac{\dfrac{p}{k} - 1}{\dfrac{p}{k} + 1} = \frac{p - k}{p + k}$$

erreicht man, daß

$$s(p) = \frac{f_1(p) - R}{f_1(p) + R} = s_1(p)\, s_2(p)$$

für $p = k$ verschwindet, d. h.

$$f_1(k) = R. \tag{42}$$

Die noch zu bestimmende Größe ist k. Liegt der Fall A mit $f_1(i\omega_0) = i\omega_0 L_1$ und $L_1 > 0$ vor, so wählt BELEVITCH

$$\arg s(i\omega_0) = \arg s_1(i\omega_0). \tag{43}$$

Dann wird $s_2(i\omega_0) = 1$, und $z_2(p)$ hat bei $p = i\omega_0$ einen Pol, dessen Polteilabspaltung zu einer reduzierten Funktion geringeren Grades führt.

Im Falle B mit $L_1 < 0$ kann man, ausgehend von $f_1^{-1}(p)$, analog $s_2(i\omega_0) = -1$ und damit eine Nullstelle von $z_2(p)$ in $p = i\omega_0$ erreichen.

Aus (43) folgt

$$\frac{\omega_0 L_1}{R} = \frac{\omega_0}{k}$$

und damit

$$k = \frac{R}{L_1}. \tag{44}$$

Substituiert man (44) in (42), so erhält man als Bestimmungsgleichung für k:

$$f_1(k) = k L_1$$

in Übereinstimmung mit (35).

Die nichtnegativ reelle Funktion $Z_2(p) = R z_2(p)$ gewinnt man schließlich aus (38) mit (41) zu

$$Z_2(p) = \frac{f_1(p) Z_1(p) - R^2}{Z_1(p) - f_1(p)}. \tag{45}$$

Der Reduktionsalgorithmus von BOTT und DUFFIN (29) ist bis auf die unwesentliche Konstante $f_1(k)$ in (40) oder (45) enthalten:

$$Z_2(p) = f_1(k) \cdot \frac{p f_1(p) - k f_1(k)}{p f_1(k) - k f_1(p)}.$$

Nach F. M. REZA [33] ist es unter Benutzung einer Dreieck-Stern-Transformation möglich, stets eine zu Abb. 8 äquivalente nichtabgeglichene Brückenschaltung nach Abb. 10 anzugeben, die ein Schaltelement weniger enthält

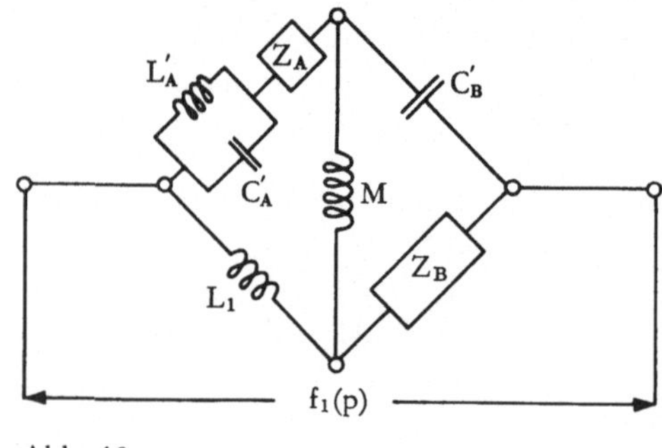

Abb. 10

mit

$$L'_A = \frac{L_1^2(1 + cL_2k^2)^2}{L_2(1 - cL_3k^2)}$$

$$C'_A = \frac{L_2^2 c(1 - cL_3k^2)}{L_1^2(1 + cL_2k^2)^2}$$

$$C'_B = c - \frac{1}{k^2 L_3} \tag{46}$$

$$M = \frac{L_2 L_3 c k^2}{L_3 c k^2 - 1}$$

und $Z_A(p)$ aus (36), $Z_B(p)$ aus (37).

A. FIALKOW und I. GERST [34] haben eine zur BOTT-DUFFIN-Schaltung äquivalente Brückenschaltung angegeben, die ebenfalls ein Schaltelement weniger enthält.

Sie bilden dazu nach BOTT und DUFFIN

$$F_1^{-1}(p) = R(p) = \frac{p f_1(p) - k f_1(k)}{p f_1(k) - k f_1(p)}$$

mit

$$k = \frac{f_1(k)}{L_1} \quad \text{und} \quad f_1(i\omega_0) = i\omega_0 L_1.$$

Wird wieder der Fall $L_1 > 0$ angenommen, so erhält man durch die Polteilabspaltung der Pole bei $p = \pm i\omega_0$ die reduzierte Funktion $R_1(p)$ gemäß

$$R_1(p) = R(p) - \frac{\alpha p}{p^2 + \omega_0^2}, \qquad \alpha > 0. \tag{47}$$

Der Scheinwiderstand der Brücke von Abb. 11 ist

$$z'(p) = \frac{\Delta(p)}{\Delta_1(p)}$$

mit

$$\Delta(p) = \begin{vmatrix} z'_1 + z'_2 & -z'_1 & -z'_2 \\ -z'_1 & z'_1 + z'_2 + z'_5 & -z'_5 \\ -z'_3 & -z'_5 & z'_3 + z'_4 + z'_5 \end{vmatrix}$$

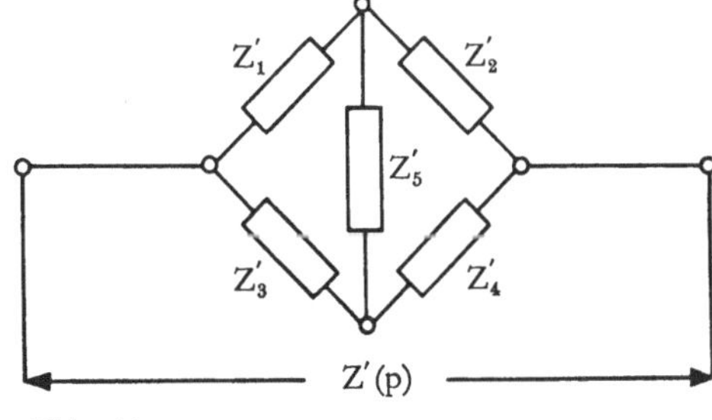

Abb. 11

und

$$\Delta_1(p) = \begin{vmatrix} z_1' + z_3' + z_5' & - z_5' \\ - z_5' & z_2' + z_4' + z_5' \end{vmatrix}$$

Es seien $u(p)$ und $v(p)$ beide positive reelle Funktionen. Setzt man

$$z_1'(p) = u(p) + v(p) \tag{48}$$

und

$$z_4'(p) = \frac{1}{u(p)}, \tag{49}$$

dann besitzen bei der Wahl von

$$v(p) = \frac{(1 - z_2' z_3')(z_3' + z_5')}{z_3'(z_2' + z_5')} \tag{50}$$

der in u quadratische Zähler und Nenner von z' den gemeinsamen Faktor

$$u + \frac{z_3' + z_5'}{z_3'(z_2' + z_5')}. \tag{51}$$

Nach Kürzen von (51) ist $z' = f_1(p)/f_1(k)$, wenn mit (47)

$$u(p) = R_1(p) \tag{52}$$

und

$$z_2' = \frac{k\,\omega_0^2}{\alpha k + \omega_0^2}\,p^{-1}; \quad z_3' = \frac{p}{k}; \quad z_5' = \frac{k}{\alpha k + \omega_0^2}\,p \tag{53}$$

gilt. Wählt man als Brückenimpedanzen der Abb. 11

$$Z_i'(p) = f_1(k)\,z_i'(p) \qquad (i = 1, 2, \ldots, 5), \tag{54}$$

so ist die Impedanz der Brücke gleich $f_1(p)$. Damit wird $f_1(p)$ realisiert durch Abb. 11 mit

$$\begin{aligned} Z_1' &= U(p) + V(p) \\ U(p) &= f_1(k)\,R_1(p) \\ V(p) &= f_1(k) \cdot \frac{(1 - ab\,\omega_0^2)(a + b)\,p}{ab(p^2 + \omega_0^2)} \end{aligned} \tag{55}$$

und den Impedanzen

$$\begin{aligned} Z_2' &= \frac{a\,\omega_0^2\,f_1(k)}{p}, & Z_3' &= b f_1(k)\,p \\ Z_4' &= \frac{f_1(k)}{R_1(p)}, & Z_5' &= a f_1(k)\,p. \end{aligned} \tag{56}$$

Nach den vorherigen Ausführungen ist aber wegen (35)

$$R(p) = \frac{1}{Z_1(p)}, \qquad R_1(p) = Z_A(p)$$

und damit

$$\alpha = \frac{L_1(k^2 L_2 c + 1)}{k L_2^2 c}, \qquad \omega_0^2 = \frac{1}{c L_2}.$$

Ferner gilt wegen (34)

$$L_1 k = f_1(k) = -\frac{L_1}{L_3} \cdot f_4(k)$$

und nach (33)

$$\frac{1}{L_1} + \frac{1}{L_2} + \frac{1}{L_3} = 0,$$

so daß aus (55) und (56) folgt

$$Z_1' = Z_A(p) + \frac{L_A' p}{L + L_A' C_A' p^2}$$

$$Z_2' = \frac{1}{C_B' p}, \qquad Z_3' = L_1 p$$

$$Z_4' = Z_B(p), \qquad Z_5' = Mp$$

mit den in (46) angegebenen Größen.

Damit ist gezeigt, daß das Resultat von A. FIALKOW und I. GERST [34] äquivalent ist mit dem von REZA [33] (vgl. Abb. 10 und 11).
Eine weitere Methode der Realisierung einer nichtnegativen reellen Funktion ohne Benutzung idealer Übertrager, die gegenüber BOTT-DUFFIN ein Schaltelement weniger enthält, hat R. H. PANTELL (35) angegeben:
Zwischen dem Abschlußwiderstand $Z_1(p)$ eines Vierpols und dem Eingangswiderstand $f_1(p)$ besteht die Beziehung

$$f_1(p) = Z_{11} - \frac{Z_{12}^2}{Z_{22} + Z_1(p)}. \tag{57}$$

Die $Z_{1k}(p)$ sind dabei die Elemente der Widerstandsmatrix. Durch Umkehrung von (57) erhält man

$$Z_1(p) = \frac{|Z| - Z_{22} f_1(p)}{f_1(p) - Z_{11}} \quad \text{mit} \quad |Z| = Z_{11} Z_{22} - Z_{12}^2$$

oder

$$Z_1(p) = \frac{Z_{11}}{Y_{22}} \cdot \frac{1 - Y_{11} f_1(p)}{f_1(p) - Z_{11}}, \tag{58}$$

wenn die $Y_{ik}(p)$ die Elemente der Leitwertmatrix bedeuten. $f_1(p)$ sei die zu realisierende positive reelle Funktion ohne Null- und Polstellen auf der imaginären Achse, für die (28) Fall A gilt.

Betrachtet man den Vierpol Abb. 12

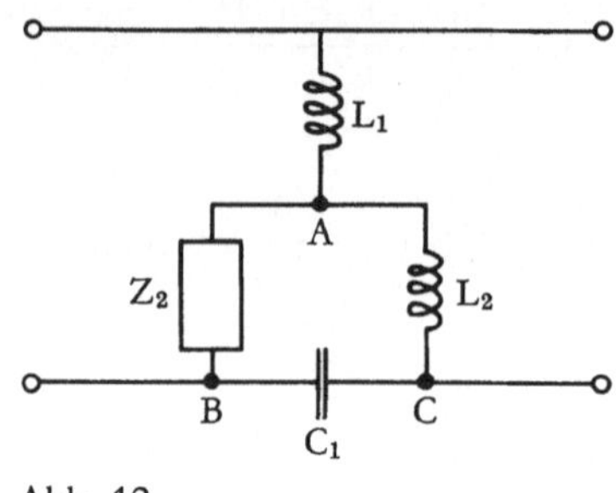

Abb. 12

mit den Schaltelementen

$$L_1 = \frac{f_1(i\,\omega_0)}{i\,\omega_0} > 0, \qquad L_2 = \frac{k^2 L_1}{\omega_0^2 + A}$$

$$C_1 = \frac{\omega_0^2 + A}{k^2 L_1 \omega_0^2}$$

und

$$Z_2(p) = \frac{k^2 L_1}{\dfrac{k^2 L_1 - p\,f_1(p)}{f_1(p) - p\,L_1} - \dfrac{A\,p}{p^2 + \omega_0^2}}, \tag{59}$$

wobei

$$-\,\omega_0^2 < A \le 2 \cdot \operatorname{res} \frac{k^2 L_1 - p\,f_1(p)}{f_1(p) - p\,L_1}\bigg|_{p=i\,\omega_0}$$

und k die positive Wurzel der Gleichung

$$f_1(p) - p\,L_1 = 0$$

ist, so ermittelt man die zugehörige Funktionenmatrix $Z(p)$ zweckmäßig, indem man zuerst die Dreieckschaltung ABC in Abb. 12 in eine Sternschaltung mit den Widerständen

$$r_1(p) = Z_2(p) \cdot \frac{L_2 C_1 p^2}{L_2 C_1 p^2 + C_1 p\,Z_2(p) + 1} = \frac{k^2 L_1 p^2}{\dfrac{k^2 L_1 - p\,f_1(p)}{f_1(p) - p\,L_1}\,(p^2 + \omega_0^2) + \omega_0^2 p}$$

$$r_2(p) = Z_2(p) \cdot \frac{1}{L_2 C_1 p^2 + C_1 p\,Z_2(p) + 1} = \frac{k^2 L_1 \omega_0^2}{\dfrac{k^2 L_1 - p\,f_1(p)}{f_1(p) - p\,L_1}\,(p^2 + \omega_0^2) + \omega_0^2 p}$$

$$r_3(p) = \frac{L_2 p}{L_2 C_1 p^2 + C_1 p\,Z_2(p) + 1} = \frac{\left[\dfrac{k^2 L_1 - p\,f_1(p)}{f_1(p) - L_1 p} - \dfrac{A\,p}{p^2 + \omega_0^2}\right]\omega_0^2\,\dfrac{k^2 L_1}{\omega_0^2 + A}\,p}{\dfrac{k^2 L_1 - p\,f_1(p)}{f_1(p) - p\,L_1}\,(p^2 + \omega_0^2) + \omega_0^2 p}$$

transformiert.

56

Dann lautet die Widerstandsmatrix $Z(p)$

$$Z(p) = \begin{vmatrix} L_1 p + r_1 + r_2 & L_1 p + r_1 \\ L_1 p + r_1 & L_1 p + r_1 + r_3 \end{vmatrix}.$$

Auf diese Weise erhält man die Z_{ik} bzw. Y_{ik}, die man zur Ermittlung von $Z_1(p)$ nach (58) benötigt. Nach (58) gilt

$$Z_1(p) = \frac{L_1 p (r_2 + r_3) + r_1 r_2 + r_1 r_3 + r_2 r_3 - f_1(p)\,(L_1 p + r_1 + r_3)}{f_1(p) - (L_1 p + r_1 + r_2)}$$

$$= L_1 \cdot \frac{k^2 L_1 - p f_1(p)}{f_1(p) - p L_1} + \frac{k^2 L_1 A p}{(\omega_0^2 + A)\,(p^2 + \omega_0^2)}.$$

Die Funktion

$$F^{-1}(p) = \frac{k^2 L_1 - p f_1(p)}{f_1(p) - p L_1}$$

ist die nach BOTT und DUFFIN (29) zu $f_1(p)$ zugeordnete positive reelle Funktion, die bei der angegebenen Wahl von k einen Pol bei $p = \pm\, i\, \omega_0$ besitzt.

$Z_2(p)$ nach (59) ist eine nichtnegative reelle Funktion, wenn

$$A \leqq 2 \operatorname{res} \left. \frac{k^2 L_1 - p f_1(p)}{f_1(p) - p L_1} \right|_{p = i \omega_0}$$

gilt.

Damit außerdem die Elemente L_2 und C_1 positiv ausfallen, ist A im Intervall

$$- \omega_0^2 < A \leqq 2 \operatorname{res} \left. \frac{k^2 L_1 - p f_1(p)}{f_1(p) - p L_1} \right|_{p = i \omega_0}$$

zu wählen.

Unter der Bedingung

$$\frac{k^2 A}{\omega_0^2 + A} \geqq - 2 \operatorname{res} \left. \frac{L_1 k^2 - p f_1(p)}{f_1(p) - p L_1} \right|_{p = i \omega_0}$$

ist auch $Z_1(p)$ eine positive reelle Funktion. R. H. PANTELL [35] betrachtet zwei spezielle Fälle für die Wahl von A:

I. $$\frac{k^2 A}{\omega_0^2 + A} = - 2 \operatorname{res} \left. \frac{k^2 L_1 - p f_1(p)}{f_1(p) - p L_1} \right|_{p = i \omega_0}$$

In diesem Falle gilt für A

$$- \omega_0^2 < A < 0,$$

so daß sowohl $Z_1(p)$ als auch $Z_2(p)$ positive reelle Funktionen sind und $c_1 > 0$, $L_2 > 0$ gilt. Außerdem ist in diesem Falle $Z_1(p)$ in $p = \pm\, i\, \omega_0$ regulär und der Grad von $Z_1(p)$ ist gegenüber $f_1(p)$ um zwei vermindert.

Auf $Z_2(p)$ kann das gleiche Reduktionsverfahren wieder angewandt werden.

$$\text{II.} \qquad A = 2 \operatorname{res} \frac{k^2 L_1 - p f_1(p)}{f_1(p) - p L_1} \bigg|_{p = i\omega_0}$$

Auch in diesem Falle sind $Z_1(p)$ und $Z_2(p)$ positiv reelle Funktionen, und die Schaltelemente L_2 und C_1 sind positiv. Jetzt ist jedoch $Z_2^{-1}(p)$ in $p = \pm i\omega_0$ regulär, und daher ist der Grad von $Z_2(p)$ um zwei gegenüber $f_1(p)$ reduziert. Das Reduktionsverfahren wird dann auf $Z_1(p)$ angewandt.

In jedem Falle enthält die dem Reduktionsverfahren von PANTELL entsprechende Teilrealisierung ein Schaltelement weniger als das entsprechende Teilnetzwerk bei dem Reduktionsverfahren von BOTT und DUFFIN. Im Falle B führt die Anwendung des Verfahrens auf $f_1^{-1}(p)$ auf die entsprechende Leitwertdarstellung.

Die Zahl der bei den beschriebenen Verfahren von REZA, PANTELL und FIALKOW-GERST auftretenden Schaltelemente N wird bei einer Impedanzfunktion vom Grad $n \geqq 2$ im allgemeinen Fall angegeben durch

$$N = 7 \cdot 2^{\frac{n}{2}} - 6, \quad \text{wenn n gerade ist}$$

und

$$N = 9 \cdot 2^{\frac{n-1}{2}} - 6, \quad \text{wenn n ungerade ist.}$$

3.2 Die Syntheseverfahren von FIALKOW-GERST und MIYATA

3.2.1 *Das Syntheseverfahren von* FIALKOW-GERST

Das Verfahren von FIALKOW-GERST [36] vermeidet die Bestimmung des Minimums des Realteils der Impedanzfunktion auf der imaginären Achse.

Ist eine positive reelle und rationale Funktion

$$F(p) = \frac{G(p)}{H(p)} \tag{60}$$

vom Grade n ohne Null- und Polstellen auf der imaginären Achse vorgegeben, so bestimmt man zunächst die Wurzeln

$$p_1, p_2, \ldots, p_n \qquad -p_1, -p_2, \ldots, -p_n \tag{61}$$
$$\text{mit} \quad \operatorname{Re} p_i \geqq 0 \qquad (i = 1, 2, \ldots, n)$$

der aus

$$F(p) + F(-p) = 0$$

folgenden Gleichung $2n$-ten Grades

$$G(p) H(-p) + G(-p) H(p) = 0.$$

Es sei p_m eine dieser Wurzeln. Aus

$$F(p_m) = c + i d \quad \text{mit} \quad \begin{cases} \text{(I)} & c > 0, \quad d = 0 \\ \text{(II)} & c > 0, \quad d \neq 0 \\ \text{(III)} & c = 0, \quad d \neq 0 \end{cases}$$

folgt

$$p_m = a + i b \quad \text{mit} \quad \begin{cases} \text{(I)} & a > 0, \quad b \lesseqgtr 0 \\ \text{(II)} & a > 0, \quad b \neq 0 \\ \text{(III)} & a = 0, \quad b \neq 0. \end{cases}$$

Die drei angedeuteten Fälle werden nunmehr gesondert behandelt.

Fall I:

In diesem Fall gilt

$$p_m = a + i b, \quad a > 0, \quad b \lesseqgtr 0$$
$$F(p_m) = c, \qquad c > 0.$$

p_{i_ν} ($\nu = 1, 2, \ldots, r$) bezeichnen diejenigen der n Wurzeln p_i, für die

$$F(p_{i_\nu}) = c > 0$$

gilt.

Schritt 1:

Man bildet mit Benutzung des Hurwitzpolynoms

$$g(p) = \prod_{\nu = 1}^{r} (p + p_{i_\nu})$$

die Reaktanzfunktion

$$R(p) = \frac{g(p) + (-1)^r g(-p)}{g(p) - (-1)^r g(-p)}.$$

Schritt 2:

Man erzeugt die nach FIALKOW-GERST nichtnegative reelle Funktion

$$F_1(p) = \frac{R(p) F(p) - c}{c R(p) - F(p)}. \tag{63}$$

Zähler und Nenner von $F_1(p)$ haben den gemeinsamen Teiler $g(p) \cdot g(-p)$, so daß $F_1(p)$ nach Kürzen dieses Teilers den Grad $n - r$ besitzt.

Schritt 3:

Aus der Umkehrung von (63)

$$F(p) = c \frac{F_1(p) R(p) + 1}{F_1(p) + R(p)}$$

folgen die Netzwerkrealisierungen Abb. 13.

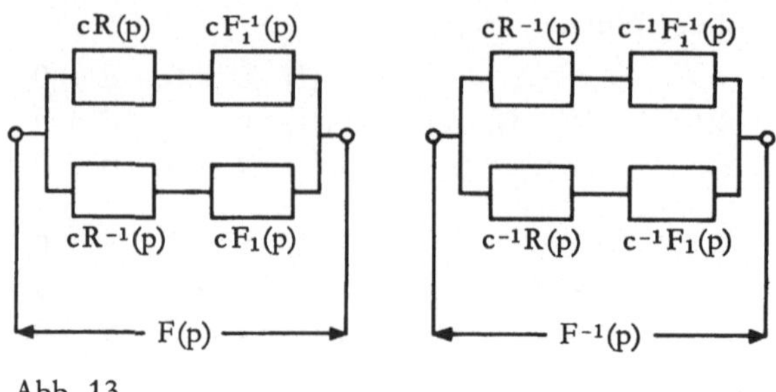

Abb. 13

Setzt man

$$F_1(p) = \frac{G_1(p)}{H_1(p)}, \qquad [G_1(p) \text{ und } H_1(p) \text{ teilerfremd}],$$

so folgt leicht, daß die aus

$$F_1(p) + F_1(-p) = 0$$

folgende Gleichung

$$G_1(p)\, H_1(-p) + G_1(-p)\, H_1(p) = 0$$

die Wurzeln $\pm\, p_i$ $(i = 1, 2, \ldots, n)$ aus (61) mit Ausnahme der zur Konstruktion von $R(p)$ benutzten Wurzeln $\pm\, p_{i_\nu}$ $(\nu = 1, 2, \ldots, r)$ besitzt.

Ist $F_1(p)$ für Wurzeln der letzten Gleichung eine positive Konstante, so kann das Verfahren von Fall I erneut angewandt werden. Das Verfahren von FIALKOW-GERST bietet somit die Möglichkeit, eine Klasse von Impedanzfunktionen ohne Auflösung weiterer Gleichungen zu realisieren.

Fall II:

Gilt für die Funktion (60) mit einem

$$p_m = a + ib, \quad a > 0, \quad b \neq 0 \quad \text{aus (61)}$$
$$F(p_m) = c + id, \quad c > 0, \quad d \neq 0,$$

so bildet man die nach BOTT und DUFFIN nichtnegative reelle Funktion

$$W(p, k) = \frac{p\,F(p) - k\,F(k)}{p\,F(k) - k\,F(p)}, \qquad k > 0, \tag{64}$$

die für ein geeignetes $k = k_0 > 0$ und für $p = p_m$ verschwindenden Imaginärteil besitzt. Die Existenz eines solchen k_0 ist gesichert, da $W(p_m, k)$ eine stetige Funktion von k ist und $W(p_m, 0)$ und $W(p_m, \infty)$ positive Realteile, aber Imaginärteile mit entgegengesetztem Vorzeichen besitzen.

Schritt 1:

Die Forderung $\operatorname{Im} W(p_m, k) = 0$ führt auf die Bestimmungsgleichung für k_0

$$b\,k\,F^2(k) + d(a^2 + b^2 - k^2)\,F(k) - b\,k\,(c^2 + d^2) = 0, \tag{65}$$

60

die durch

$$(k^2 - p_m^2)\,(k^2 - \bar{p}_m^2)$$

stets teilbar ist.

Es ist demnach k_0 aus einer Gleichung $(2n - 2)$-ten Grades zu ermitteln.

Damit ist die nichtnegative reelle Funktion

$$F_1(p) \equiv W(p, k_0) \tag{66}$$

mit

$$F_1(p_m) = C > 0$$

gewonnen. Ist für alle p_i aus (61) $p_i \neq k_0$ $(i = 1, 2, \ldots, n)$, so ist $F_1(p)$ vom n-ten Grade, und die Gleichung

$$F_1(p) + F_1(-p) = 0 \tag{67}$$

besitzt die Wurzeln (61). Ist dagegen eines der p_i aus (61) etwa p_{i_1} gleich k_0, so ist $F_1(p)$ vom Grade $n - 1$, und die Gl. (67) hat die Wurzeln (61) mit Ausnahme $\pm\, p_{i_1} = \pm\, k_0$.

Auf $F_1(p)$ kann nunmehr Fall I angewandt werden. Durch Umkehrung von (64) folgt mit (66)

$$F(p) = F(k_0)\,\frac{k_0 + p\,F_1(p)}{p + k_0\,F_1(p)}$$

und die Netzwerkrealisierungen Abb. 14.

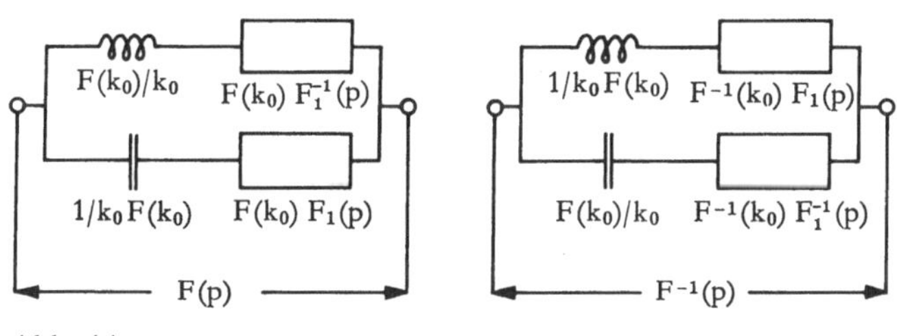

Abb. 14

Damit ist der Fall II auf Fall I zurückgeführt.

Fall III:

Dieser Fall liegt vor, wenn für die Funktion (60)

$$F(p_m) = id, \qquad d \neq 0$$

gilt für ein $p_m = ib$, $b \neq 0$ aus (61). Hier kann die BOTT-DUFFIN-Synthese oder eine ihrer Modifikationen angewandt werden. Damit gleichwertig ist die Deutung dieses Falles als Grenzfall des Falles II für $a = c = 0$. Man bildet wieder $W(p, k)$ nach (64) und bestimmt k_0 aus der Gl. (65), die in diesem Grenzfall in

$$(b\,\Gamma(k) - k\,d) \cdot (k\,F(k) + b\,d) = 0$$

zerfällt, so daß man als Bestimmungsgleichung für k_0

$$\frac{F(k)}{k} = \frac{d}{b} \quad \text{falls} \quad \frac{d}{b} > 0$$

und

$$k\,F(k) = -\,b\,d \quad \text{falls} \quad b\,d < 0$$

erhält. Da $k = \pm\,ib$ diesen Gleichungen genügen, hat man eine Gleichung $(n-1)$-ten Grades zu lösen. Im Fall $d/b > 0$ hat $F_1(p) \equiv W(p, k_0)$ für $p = \pm\,p_m$ $(p_m = ib)$ Pole, deren Polteilabspaltung gemäß

$$F_1(p) = \frac{\alpha_1 p}{p^2 + p_m^2} + F_2(p), \qquad \alpha_1 > 0$$

zu einer reduzierten positiven reellen Funktion $F_2(p)$ führt. Im Fall $b\,d < 0$ hat $F_1(p)$ für $p = \pm\,p_m$ Nullstellen, so daß die Polteilabspaltung von $F_1^{-1}(p)$ gemäß

$$F_1^{-1}(p) = \frac{\alpha_2 p}{p^2 + p_m^2} + F_3^{-1}(p), \qquad \alpha_2 > 0$$

eine reduzierte positive reelle Funktion $F_3(p)$ liefert. Die Gleichung

$$F_2(p) + F_2(-p) = 0$$

bzw.

$$F_3(p) + F_3(-p) = 0$$

hat die gleichen Nullstellen wie

$$F_1(p) + F_1(-p) = 0$$

mit Ausnahme von $p_m,\ \bar{p}_m,\ -p_m,\ -\bar{p}_m$.

Für die Zahl N der bei diesem Verfahren auftretenden Schaltelemente bei einer Impedanzfunktion vom Grad $n > 2$ ist die Lage der Nullstellen der Gleichung

$$F(p) + F(-p) = 0$$

bestimmend. Wir betrachten vier wichtige Fälle.

A. Alle Wurzeln p_k $(k = 1, 2, \ldots, n)$ sind reell und einander gleich. Wir erhalten $2n$ Reaktanzen und zwei Ohmsche Widerstände, also

$$N_A = 2\,n + 2.$$

B. Für alle Wurzeln $p_k = a_k + ib_k$ gilt $a_k > 0$ und $b_k \neq 0$. Die Wurzeln seien außerdem sämtlich voneinander verschieden. Es gelte nach jedem Schritt für genau ein p_k

$$F_\nu(p_k) = c_\nu > 0.$$

62

Es ergeben sich $\left(2^{\frac{n}{2}+2}-4\right)$ Reaktanzen und $2^{\frac{n}{2}}$ Ohmsche Widerstände, also

$$N_B = 5 \cdot 2^{\frac{n}{2}} - 4.$$

C. Alle Wurzeln sind reell und voneinander verschieden. Die Funktionen ersten Grades werden durch drei Schaltelemente realisiert. Wir erhalten $(3 \cdot 2^{n-1} - 2)$ Reaktanzen und 2^n Ohmsche Widerstände, also

$$N_c = 5 \cdot 2^{n-1} - 2.$$

D. Für alle Wurzeln $p_k = a_k + i b_k$ gilt $a_k > 0$ und $b_k \neq 0$. Die Wurzeln seien außerdem sämtlich voneinander verschieden. Es gelte nach jedem Schritt

$$F_\nu(p_k) = c_\nu + i d_\nu, \qquad d_\nu \neq 0.$$

Es ergeben sich $10/3\,(2^n - 1)$ Reaktanzen und 2^n Ohmsche Widerstände, also

$$3\,N_D = 13 \cdot 2^n - 14.$$

Es zeigt sich damit, daß das Verfahren neben der Reduzierung des numerischen Aufwandes zum Beispiel in den Fällen A und B weniger Schaltelemente liefert als bei den modifizierten BOTT-DUFFIN-Methoden.

3.2.2 Das Syntheseverfahren von MIYATA

Wir besprechen nunmehr die Methode von F. MIYATA [37].

a) Der Grundgedanke der Methode

Es bezeichne

$$Z(p) = \frac{F_1(-p^2) + p\,F_2(-p^2)}{G_1(-p^2) + p\,G_2(-p^2)}$$

eine Impedanzfunktion ohne Polstellen auf der imaginären Achse (einschließlich des unendlich fernen Punktes). Dabei bedeuten $F_1(-p^2)$, $F_2(-p^2)$, $G_1(-p^2)$ und $G_2(-p^2)$ gerade Polynome in p. Bei der MIYATA-Synthese [37] bildet man als ersten Schritt den geraden Teil $U(-p^2)$ der Funktion $Z(p)$:

$$U(-p^2) = \tfrac{1}{2}[Z(p)+Z(-p)] = \frac{F_1(-p^2)G_1(-p^2) - p^2 F_2(-p^2)G_2(-p^2)}{G_1^2(-p^2) - p^2 G_2^2(-p^2)}. \tag{68}$$

Die Funktion

$$U(-p^2) = \frac{R(-p^2)}{G_1^2(-p^2) - p^2 G_2^2(-p^2)} \tag{69}$$

genügt folgenden vier Bedingungen:

A. $U(-p^2)$ ist eine gerade rationale Funktion von p.

B. Die Koeffizienten von $U(-p^2)$ sind reell.

C. $U(-p^2)$ besitzt keine Pole auf der imaginären Achse   (70)
(einschließlich des unendlichfernen Punktes).

D. $U(\omega^2) = \mathrm{Re}\, Z(i\,\omega) \geqq 0$.

Beim zweiten Schritt zerlegt man die Funktion $U(-p^2)$ auf eine solche Weise in eine Summe

$$U(-p^2) = \sum_i U_i(-p^2) = \frac{\sum_i R_i(-p^2)}{G_1^2(-p^2) - p^2 G_2^2(-p^2)},\qquad(71)$$

daß die Summanden $U_i(-p^2)$ wiederum den Bedingungen (70) genügen. Die Möglichkeit einer Zerlegung mit den geforderten Eigenschaften wird später erörtert. Es werden nunmehr nichtnegative reelle Funktionen $Z_i(p)$ bestimmt, welche die Funktionen $U_i(-p^2)$ als ihren geraden Teil besitzen. Hierzu machen wir zunächst den folgenden dritten Schritt: $G_1(-p^2) + p\, G_2(-p^2)$ ist als Nenner einer nichtnegativen reellen Funktion $Z(p)$ ohne Polstellen auf der imaginären Achse ein Hurwitzpolynom in p.

Daher ist

$$f(p) = \frac{G_1(-p^2)}{p\, G_2(-p^2)}$$

eine Reaktanzfunktion, deren Null- und Polstellen sämtlich auf der imaginären Achse liegen und sich trennen. $G_1(-p^2)$ und $G_2(-p^2)$ und damit auch $G_1(-p^2)$ und $p^2 G_2(-p^2)$ sind daher teilerfremd. Nach einem Satz der Algebra lassen sich daher stets zwei Polynome $X(-p^2)$ und $Y(-p^2)$ bestimmen, welche der Gleichung

$$X(-p^2)\, G_1(-p^2) - p^2 Y(-p^2)\, G_2(-p^2) \equiv 1 \qquad(72)$$

genügen. Man gewinnt $X(-p^2)$ und $Y(-p^2)$ durch Koeffizientenvergleich bei Gl. (72) und anschließende Auflösung eines linearen Gleichungssystems.

Beim vierten Schritt bildet man zunächst die Funktionen

$$Z_i^{\bullet}(p) = \frac{R_i(-p^2)\, X(-p^2) + p R_i(-p^2)\, Y(-p^2)}{G_1(-p^2) + p\, G_2(-p^2)}.\qquad(73)$$

Für den geraden Teil $U_i^{\bullet}(-p^2)$ von $Z_i^{\bullet}(p)$ folgt

$$U_i^{\bullet}(-p^2) = \frac{R_i(-p^2)}{G_1^2(-p^2) - p^2 G_2^2(-p^2)}\left[X(-p^2)G_1(-p^2) - p^2 Y(-p^2)G_2(-p^2)\right]$$

und unter Benutzung von (72)

$$U_i^{\bullet}(-p^2) = U_i(-p^2).\qquad(74)$$

64

Die Funktionen $Z_i^*(p)$ sind in der offenen rechten Halbebene und auf der imaginären Achse (gegebenenfalls ohne den unendlichfernen Punkt) regulär und besitzen auf der imaginären Achse den nichtnegativen Realteil $\operatorname{Re} Z_i^*(i\omega) = U_i(\omega^2) \geqq 0$, jedoch sind sie nicht notwendig nichtnegative reelle Funktionen, da sie im unendlichfernen Punkt Pole von höherer als der ersten Ordnung besitzen können. In diesem Falle spaltet man beim fünften Schritt daher mittels Division von

$$R_i(-p^2)\, X(-p^2) + p\, R_i(-p^2)\, Y(-p^2) \quad \text{durch} \quad G_1(-p^2) + p\, G_2(-p^2)$$

den Polteil $Q_i(p)$ im unendlichfernen Punkt ab. Man bricht die Division ab, nachdem in $Q_i(p)$ das Glied mit p aufgetreten ist, so daß das Polynom $Q_i(p)$ im Nullpunkt verschwindet. Die Restfunktion $Z_i(p)$ ist also im unendlichfernen Punkt regulär. Man erhält also:

$$Z_i^*(p) = Q_i(p) + Z_i(p). \tag{75}$$

Betrachtet man den geraden Teil der beiden Seiten dieser Gleichung, so folgt unter Benutzung von (74)

$$U_i(-p^2) = \text{gerader Teil von } Q_i(p) + \text{gerader Teil von } Z_i(p). \tag{76}$$

Enthält das Polynom $Q_i(p)$ Potenzen p^{2m} ($m \geqq 1$), die dann den geraden Teil von $Q_i(p)$ bilden würden, so würde dieser gerade Teil im unendlichfernen Punkt einen Pol haben. Dann würde nach (76) auch $U_i(-p^2)$ im unendlichfernen Punkt einen Pol haben, was der Bedingung (70) für die Zerlegung (71) widersprechen würde. Daher verschwindet der gerade Teil von $Q_i(p)$. Der gerade Teil $U_i(-p^2)$ von $Z_i^*(p)$ ist also gleich dem geraden Teil von $Z_i(p)$. $Z_i(p)$ ist also in der rechten Halbebene und auf der imaginären Achse (einschließlich des unendlichfernen Punktes) regulär, und es gilt $\operatorname{Re} Z_i(i\omega) = U_i(\omega^2) \geqq 0$. Aus dem Minimumsatz für den Realteil folgt damit, daß die $Z_i(p)$ nichtnegative reelle Funktionen sind.

Die damit gewonnenen Funktionen $Z_i(p)$ sind durch die Funktionen $U_i(-p^2)$ eindeutig bestimmt. Denn wäre neben $Z_i(p) = Z_i^{(1)}(p)$ auch $Z_i^{(2)}(p)$ eine nach dem beschriebenen Verfahren erhaltene nichtnegative reelle Funktion mit dem geraden Teil $U_i(-p^2)$, so wäre $Z_i^{(3)} = Z_i^{(1)} - Z_i^{(2)}$ eine Funktion, die auf der ganzen imaginären Achse und in der rechten Halbebene regulär wäre und deren gerader Teil $U_i^{(3)}(-p^2)$ identisch verschwinden würde. Aus

$$U_i^{(3)}(-p^2) = \tfrac{1}{2}\left[Z_i^{(3)}(p) + Z_i^{(3)}(-p)\right] \equiv 0 \tag{77}$$

folgt, daß mit p_k auch $-p_k$ ein Pol von $Z_i^{(3)}(p)$ ist. Aus der Regularität von $Z_i^{(3)}(p)$ in der abgeschlossenen rechten Halbebene folgt, daß $Z_i^{(3)}(p)$ in der abgeschlossenen Ebene regulär ist und damit eine Konstante ist, die wegen (77) Null ist. Damit gilt $Z_i^{(3)}(p) = 0$, und die umkehrbar eindeutige Zuordnung von $U_i(-p^2)$ und $Z_i(p)$ ist nachgewiesen.

Durch Addition einer beliebigen Reaktanzfunktion zu $Z_i(p)$ erhält man alle nichtnegativen reellen Funktionen, deren gerader Teil $U_i(-p^2)$ ist.

Aus der vorhin bewiesenen Eindeutigkeit des Bildungsverfahrens für die $Z_i(p)$ folgt

$$Z(p) = \sum_i Z_i(p).$$

Damit ist die Realisierung von $Z(p)$ auf die Synthese der Funktionen $Z_i(p)$ zurückgeführt.

Es kommt für das Realisierungsverfahren nunmehr darauf an, bei der Zerlegung (71) die $U_i(-p^2)$ so zu wählen, daß nicht nur die Bedingungen (70), A–D, erfüllt sind, sondern auch die zugeordneten $Z_i(p)$ einfacher zu realisieren sind als die Funktion $Z(p)$.

b) Über drei Formen der geraden Teile von Impedanzfunktionen

Ist das Nennerpolynom $H(p) = G_1(-p^2) + pG_2(-p^2)$ der Impedanzfunktion $Z(p)$ ein Hurwitzpolynom vom Grad $n > 0$, dann läßt sich der gerade Teil von $Z(p)$ in der Form schreiben

$$U(-p^2) = \frac{a_0 + a_1(-p^2) + \cdots + a_r(-p^2)^r}{b_0 + b_1(-p^2) + \cdots + b_n(-p^2)^n}$$

mit $r \leqq n$ und $b_0 \neq 0$, $b_n \neq 0$.

Bei der Zerlegung

$$U(-p^2) = \sum_i U_i(-p^2)$$

gemäß (70), A–D, sei einer der Summanden $U_i(-p^2)$, nämlich $U_k(-p^2)$ von der Form

$$U_k(-p^2) = \frac{a_m(-p^2)^m + \cdots + a_\lambda(-p^2)^\lambda}{b_0 + b_1(-p^2) + \cdots + b_n(-p^2)^n}$$

mit
$$0 < m \leqq \lambda \leqq n \quad \text{(Fall I)}$$
$$0 \leqq m \leqq \lambda < n \quad \text{(Fall II)}$$
$$0 < m \leqq \lambda < n \quad \text{(Fall III)}.$$

Wir betrachten nunmehr die Netzwerkrealisierung der zugeordneten Funktion $Z_k^{(0)}(p)$ in den drei Fällen.

Im Fall I hat $U_k(-p^2)$ für $p = 0$ eine Nullstelle, daher gilt dies auch für die zugeordnete Funktion $Z_k^{(0)}(p)$, Abspaltung der entsprechenden Polstelle der reziproken Funktion ergibt

$$\frac{1}{Z_k^{(0)}(p)} = \frac{1}{L_1 p} + Y_k^{(1)}(p)$$

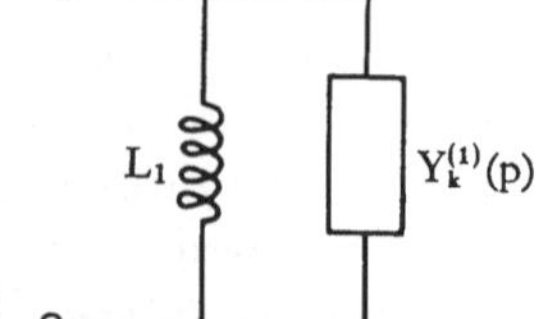

mit der Netzwerkrealisierung Abb. 15.   Abb. 15

Ist $m - 1 > 0$, so besitzt der Zähler des geraden Teiles von $Y_k^{(1)}(p)$ den Faktor $(-p^2)^{m-1}$. Es gilt daher $Y_k^{(1)}(o) = 0$. Abspaltung des Poles der reziproken Funktion $Z_k^{(1)}(p)$ gemäß

$$Z_k^{(1)}(p) = \frac{1}{C_2 p} + Z_k^{(2)}(p)$$

ergibt die Netzwerkrealisierung Abb. 16.

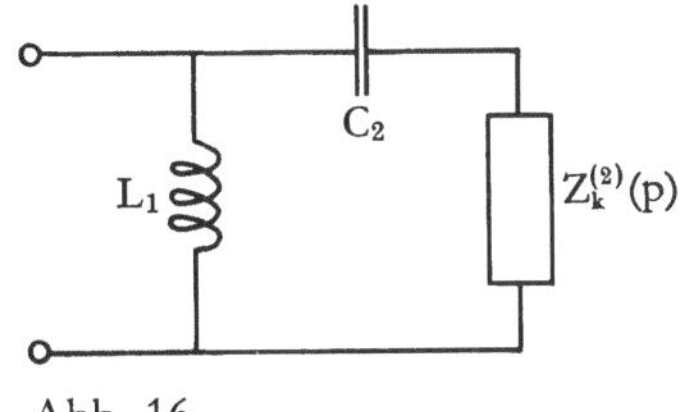

Abb. 16

Fortsetzung des Verfahrens ergibt bei geradem m das Netzwerk Abb. 17,

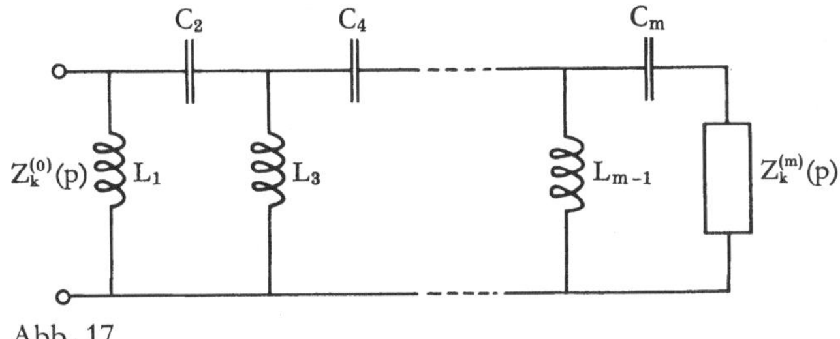

Abb. 17

wobei $Z_k^{(m)}(p)$ vom Grad $n - m$ ist. Bei ungeradem m tritt eine unwesentliche Modifikation des Netzwerkes ein. Im Sonderfall $m = \lambda = n$ erhält man eine Netzwerkrealisierung von $Z_k^{(0)}(p)$ durch n Reaktanzen und einen Ohmschen Widerstand.

Nunmehr betrachten wir den Fall II, bei dem $U_k(-p^2)$ im unendlichfernen Punkt eine Nullstelle hat und $0 \leqq m \leqq \lambda < n$ gilt. Die Frequenztransformation $p = 1/\mu$ ergibt

$$U_k\left(-\frac{1}{\mu^2}\right) = \frac{a_\lambda(-\mu^2)^{n-\lambda} + \cdots + a_m(-\mu^2)^{n-m}}{b_n + b_{n-1}(-\mu^2) + \cdots + b_0(-\mu^2)^n}.$$

Anwendung des vorhin beschriebenen Verfahrens führt bei geradem $n - \lambda$ zu einem Netzwerk der gleichen Form Abb. 18, jedoch sind Induktivitäten und Kapazitäten wegen der Frequenztransformation vertauscht:

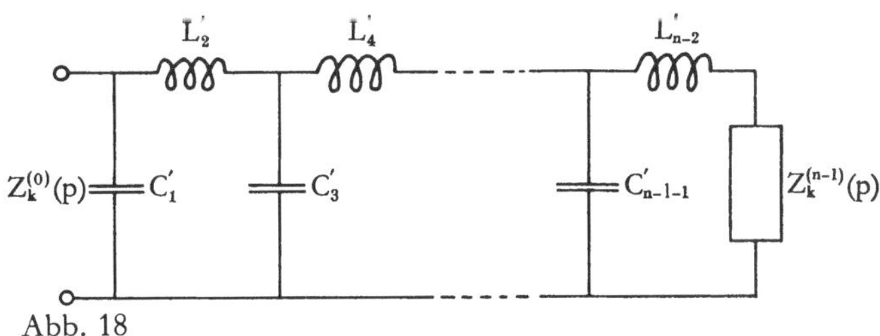

Abb. 18

$Z_k^{(n-\lambda)}(p)$ ist vom Grade λ. Im Sonderfall $m = \lambda = 0$ erhält man eine Netzwerkrealisierung von $Z_k^{(0)}(p)$ durch n Reaktanzen und einen Ohmschen Widerstand.

Gilt $0 < m \leqq \lambda < n$ (Fall III), so kann man die Fälle I und II hintereinander anwenden. Anwendung des Falles I auf $Z(p)$ ergibt ein Netzwerk der Abb. 17 und die reduzierte Funktion $Z_k^{(m)}(p)$ vom Grad $n - m$, deren gerader Teil die folgende Form besitzt:

$$U_k^{(m)}(-p^2) = \frac{a_0^{(m)} + \cdots + a_{\lambda-m}^{(m)}(-p^2)^{\lambda-m}}{b_0^{(m)} + \cdots + b_{n-m}^{(m)}(-p^2)^{n-m}}$$

mit $b_0^{(m)} \neq 0$ und $b_{n-m}^{(m)} \neq 0$, da im Nenner von $Z_k^{(m)}(p)$ stets ein Hurwitzpolynom $(n - m)$-ten Grades steht. Nach Frequenztransformation erhält man:

$$U_k^{(m)}(-\mu^{-2}) = \frac{a_{\lambda-m}^{(m)}(-\mu^2)^{n-\lambda} + \cdots + a_0^{(m)}(-\mu^2)^{n-m}}{b_{n-m}^{(m)} + \cdots + b_0^{(m)}(-\mu^2)^{n-m}} \cdot$$

Da $n - \lambda > 0$, kann nunmehr wiederum Fall I angewandt werden, und man erhält für $Z_k^{(m)}$ eine Netzwerkrealisierung von der Form der Abb. 18 mit einer weiter reduzierten Funktion $Z_k^{(m+n-\lambda)}$ vom Grade $\lambda - m$. Man erhält also bei geradem m und $n - \lambda$ ein Netzwerk der Form Abb. 19.

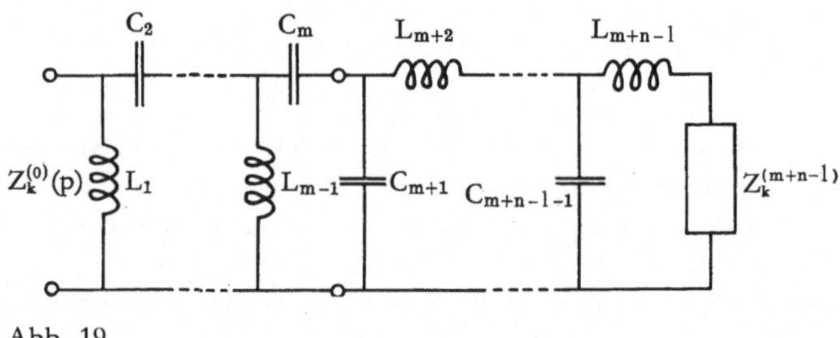

Abb. 19

Mit Hilfe von $m + n - \lambda$ Reaktanzen ist damit eine Gradreduktion um $m + n - \lambda$ erreicht. Im Sonderfall $0 < m = \lambda < n$ erhält man eine Netzwerkrealisierung von $Z_k^{(0)}(p)$ durch n Reaktanzen und einen Ohmschen Widerstand.

c) Über zwei wichtige Zerlegungen des geraden Teils einer Impedanzfunktion

Wir betrachten nunmehr zwei besonders einfache Zerlegungen von $U(-p^2)$, dabei wird vorausgesetzt, daß gilt $a_i > 0$ $(i = 0, 1, \ldots, n)$.

A. Es gelte

$$U_i(-p^2) = \frac{a_i(-p^2)^i}{\sum\limits_{\nu=0}^{n} b_\nu(-p^2)^\nu} \quad (i = 0, 1, \ldots, n)$$

mit $a_i > 0$. Damit sind die Voraussetzungen (70), A–D, erfüllt. Für $i = 0$ wendet man den Sonderfall $m = \lambda = 0$ des Falles II, für $0 < i < n$ den Sonderfall $0 < m = \lambda < n$ des Falles III und für $i = n$ den Sonderfall $m = \lambda = n$ des Falles I an. Man erhält damit die Netzwerkrealisierung von Abb. 20 für $Z(p)$.

68

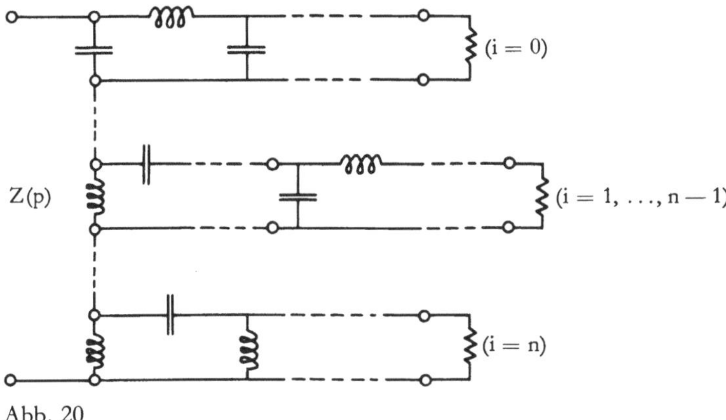

Abb. 20

Z(p) wird also realisiert durch ein Netzwerk mit $n(n+1)$ Reaktanzen und $(n+1)$ Ohmschen Widerständen, also insgesamt $(n+1)^2$ Schaltelementen.

B. Es gelte

$$U_1(-p^2) = \frac{\sum_{\nu=0}^{k} a_\nu(-p^2)^\nu}{\sum_{\nu=0}^{n} b_\nu(-p^2)^\nu} \quad (0 \leq k \leq n-1)$$

und

$$U_2(-p^2) = \frac{\sum_{\nu=k+1}^{n} a_\nu(-p^2)^\nu}{\sum_{\nu=0}^{n} b_\nu(-p^2)^\nu}$$

mit $a_\nu > 0$, so daß die Bedingungen (70), A–D, wiederum erfüllt sind.

Anwendung von Fall II auf die $U_1(-p^2)$ entsprechende Impedanz $Z_1(p)$ ergibt wegen $m = 0$ und $\lambda = k$ ein Netzwerk mit $n-k$ Reaktanzen und einer Restfunktion $Z_1'(p)$ vom Grade k.

Anwendung von Fall I auf die $U_2(-p^2)$ entsprechende Impedanz $Z_2(p)$ ergibt wegen $m = k+1$ und $\lambda = n$ ein Netzwerk mit $k+1$ Reaktanzen und eine Restfunktion $Z_2'(p)$ vom Grade n $\quad$ (k | 1). Man erhält also ein Netzwerk der Form:

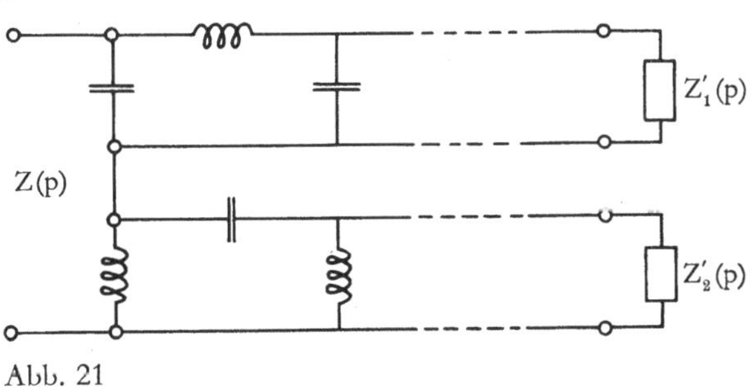

Abb. 21

Die Koeffizienten der Zähler der geraden Teile von $Z'_1(p)$ und $Z'_2(p)$ sind nach E. S. Kuh [38] wiederum nichtnegativ, so daß das Verfahren fortgesetzt werden kann.

Wendet man das Verfahren auf eine Impedanz vom Grade $n > 1$ an und wählt man, wenn $n = 2s$ gilt, $k = s$, so gilt für die Zahl der Schaltelemente N_{2s} die Rekursionsformel

$$N_{2s} = 2s + 1 + N_s + N_{s-1}.$$

Gilt $n = 2s + 1$, so erhält man bei der Wahl $k = s$ die Rekursionsformel

$$N_{2s+1} = 2(s + 1 + N_s)$$

und bei der Wahl $k = s + 1$ die Formel

$$N_{2s+1} = 2s + 2 + N_{s+1} + N_{s-1}.$$

d) Klassifikation der Impedanzfunktionen

Bei der Anwendung der Miyata-Synthese hat man drei Fälle zu unterscheiden. Dazu betrachten wir das Zählerpolynom $R(-p^2)$ von $U(-p^2)$, das wir mit $-p^2 = u$ in der Form schreiben:

$$R(u) = \sum_{\nu=0}^{r} a_\nu u^\nu.$$

Fall α: $\qquad\qquad\qquad\qquad a_\nu \geqq 0$

Die in Abschnitt c beschriebenen beiden Verfahren sind unmittelbar anwendbar, wenn die Koeffizienten a_ν nichtnegativ sind, da dann die Erfüllung der Voraussetzung (70), D, für die Summanden $U_i(-p^2)$ gewährleistet ist.
Zur Untersuchung der Frage, bei welcher Wurzelverteilung die Bedingung nichtnegativer Koeffizienten erfüllt ist, benutzten wir das folgende Theorem:

Ein Polynom

$$R(u) = \sum_{\nu=0}^{r} a_\nu u^\nu \quad \text{mit} \quad a_\nu \geqq 0 \quad (\nu = 0, \ldots, r-1), \quad a_r > 0$$

besitzt keine Nullstelle in dem Sektor S mit

$$|\arg u| < \frac{\pi}{r}.$$

Das Theorem ist ein Sonderfall eines Satzes von N. Obrechtkoff [39] und wurde von P. M. Lewis [40] und I. J. Schoenberg [41] bewiesen. Für $u = u_0 e^{i\varphi}$ mit $0 < \varphi < \pi/r$ und $u_0 > 0$ gilt nämlich

$$\sin \nu\varphi > 0 \quad \text{für} \quad (\nu = 1, 2, \ldots, r)$$

70

und

$$\text{Imaginärteil von } R(u) = \sum_{\nu=0}^{r} a_\nu u_0^\nu \sin \nu\varphi > 0.$$

Für $\varphi = 0$ gilt das Theorem offensichtlich.

Der Fall α tritt sicherlich dann auf (Unterfall α_1), wenn alle Wurzeln von $R(u)$ in der abgeschlossenen linken Halbebene liegen (Bereich I).

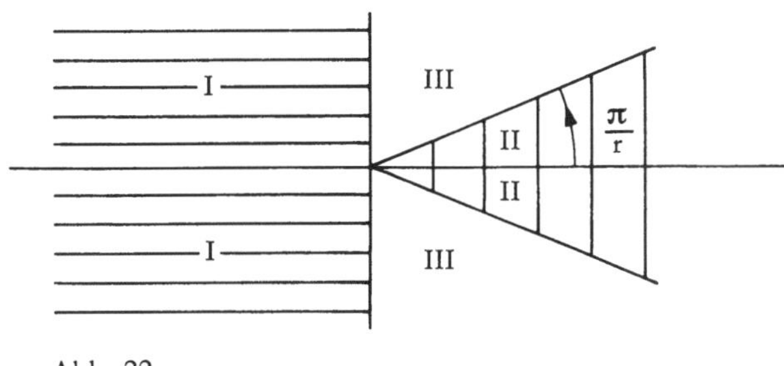

Abb. 22

Liegen die Wurzeln in der offenen linken Halbebene, so sind alle Koeffizienten nicht nur positiv, sondern erfüllen außerdem die Hurwitzbedingungen.
Der Fall α tritt nicht auf, wenn auch nur eine Wurzel im Sektor S (Bereich II) liegt. Der Fall α tritt ebenfalls nicht auf, wenn alle Wurzeln im Restbereich III liegen, da dann die Vorzeichen der Koeffizienten von $R(u)$ alternieren. Der Fall α kann also nur dann noch auftreten (Unterfall α_2), wenn ein Teil der Wurzeln im Bereich III und die übrigen im Bereich I liegen. Das Beispiel

$$u^3 + u^2 + [(1 + k^2) - 6] u + 3 (1 + k^2) = 0$$

mit den Wurzeln

$$u_1 = -3, \quad u_{2,3} = 1 \pm ki, \quad k \geq +\sqrt{3}$$

zeigt, daß bei $k = 2$ zwar die Wurzeln auf die Bereiche I und III verteilt sind, jedoch ein negativer Koeffizient auftritt und Unterfall α_2 damit nicht vorliegt. Für $k = 3$ erhält man dagegen nur positive Koeffizienten und damit Unterfall α_2.

Der Fall β liegt vor, wenn wenigstens einer der Koeffizienten von $R(u)$ negativ ist, jedoch keine Wurzel auf der positiven reellen Achse liegt. Dies ist sicherlich dann der Fall (Unterfall β_1), wenn wenigstens eine Wurzel im Bereich II (ohne positive reelle Achse) liegt, kann aber auch dann eintreten, wie das letzte Beispiel mit $k = 2$ zeigt, wenn die Wurzeln auf die Bereiche I und III verteilt sind (Unterfall β_2).
Der Fall γ liegt vor, wenn wenigstens eine Wurzel auf der positiven reellen Achse liegt.
Als Klassifikationsprinzipien der Impedanzfunktionen werden also die Lage der Nullstellen und die Vorzeichen der Koeffizienten des geraden Teiles der Impedanzfunktion benutzt.

e) Die Methode der »order-elevation«

Der Fall β kann gewöhnlich auf den Fall α mit Hilfe des folgenden Verfahrens zurückgeführt werden. Durch Multiplikation des Zählers und Nenners der Impedanzfunktion mit einem geeigneten Hurwitzpolynom H(p) bleibt die Impedanz ungeändert, während der Zähler des geraden Teiles der Impedanzfunktion die folgende Form erhält:

$$R^*(-p^2) = H(p)\, H(-p)\, R(-p^2)$$

oder

$$R^*(u) = H^*(u)\, R(u)$$

mit

$$H^*(u) = H^*(-p^2).$$

Ist $u = u_0 e^{i\varphi}$ ($\varphi \neq 0$) die Wurzel von R(u) mit kleinstem Arcus, so ist nach dem in Abschnitt d bewiesenen Theorem eine notwendige Bedingung dafür, daß R(u) nichtnegative Koeffizienten besitzt, daß R(u) mindestens vom Grad m ist, wobei m die kleinste ganze Zahl nicht kleiner als π/φ bezeichnet. $H^*(u)$ und damit auch H(p) müssen also mindestens vom Grad m — r sein. Je kleiner also φ ist, um so größer muß der Grad des Polynoms H(p) sein.
H(p) muß ein Hurwitzpolynom sein, d. h. $H^*(u)$ darf keine Wurzeln auf der nichtnegativen Achse besitzen.
Eine darüber hinausgehende notwendige Bedingung, um positive Koeffizienten bei $R^*(u)$ zu erhalten, ist, daß die Wurzeln von $H^*(u)$ alle Argumente vom Betrage nicht kleiner als $\pi/2$ besitzen. Daraus folgt, daß die Wurzeln p_ν^* von $H^*(-p^2)$ der folgenden Bedingung genügen müssen:

$$\frac{\pi}{2} + \frac{\varphi}{2} \leq |\arg p^*| \leq \frac{\pi}{2} - \frac{\varphi}{2}.$$

Daraus ergibt sich, daß die Wurzeln p_ν des Hurwitzpolynoms H(p) sogar der Bedingung

$$|\arg p_\nu| \gtreqqless \frac{\pi}{2} + \frac{\varphi}{2}$$

genügen müssen.

Die Anwendung dieses Verfahrens führt zu einer Impedanz höheren Grades und damit einem höheren Aufwand an Schaltelementen. Im Falle γ können das BOTT-DUFFIN-Verfahren oder Methoden von F. MIYATA, E. A. GUILLEMIN [42] und E. S. KUH [38] angewandt werden.

3.3 Überblick über den Aufwand an Schaltelementen bei den verschiedenen Syntheseverfahren

Die Bezeichnungen der folgenden Tabelle ergeben sich aus den vorhergehenden Abschnitten.

Methode		N_n $\qquad n =$	2	3	4	5	6	7	8
FOSTER (LC)		n	2	3	4	5	6	7	8
CAUER (RL, RC)		max. $2n + 1$	5	7	9	11	13	15	17
BRUNE [8]		$2n + 1$	5	7	9	11	13	15	17
BOTT-DUFFIN [17]		$8 \cdot 2^{\frac{n}{2}} - 7$	9	–	25	–	57	–	121
		$10 \cdot 2^{\frac{n-1}{2}} - 7$	–	13	–	33	–	73	–
REZA [39] FIALKOW-GERST [34]		$7 \cdot 2^{\frac{n}{2}} - 6$	8	–	22	–	50	–	112
PANTELL [35]		$9 \cdot 2^{\frac{n-1}{2}} - 6$	–	12	–	30	–	66	–
FIALKOW-GERST [38]	A	$2n + 2$	6	8	10	12	14	16	18
	B	$5 \cdot 2^{\frac{n}{2}} - 4$	6	–	16	–	36	–	76
	C	$5 \cdot 2^{n-1} - 2$	8	18	38	78	158	318	638
MIYATA [31] GUILLEMIN [42] KUH [38]	A	$(n + 1)^2$	9	16	25	36	49	64	81
	B_0	$N_0 + N_{n-1} + n + 1$	[7]	12	18	25	33	42	52
	B_1	$N_1 + N_{n-2} + n + 1$	7	[10]	[15]	[19]	25	30	37
	B_2	$N_2 + N_{n-3} + n + 1$	–	12	15	20	26	30	36
	B_3	$N_3 + N_{n-4} + n + 1$	–	–	16	19	[24]	[28]	35
	B_4	$N_4 + N_{n-5} + n + 1$	–	–	–	22	25	30	[34]
	B_5	$N_5 + N_{n-6} + n + 1$	–	–	–	–	27	30	35
	B_6	$N_6 + N_{n-7} + n + 1$	–	–	–	–	–	33	36
	B_7	$N_7 + N_{n-8} + n + 1$	–	–	–	–	–	–	38

Beim letzten Verfahren bezeichnet B_i den Fall B des Abschnittes c bei der Wahl von $0 < k = i < n$. Im Falle B_i wurden für die N_t ($t = 0, 1, \ldots, i - 1$) die Minimalzahlen bei den rekursiven Berechnungen gewählt.

3.4 Neues Syntheseverfahren für Klassen der Frequenzcharakteristiken elektrischer Netzwerke

Der Algorithmus (15) für $m_\nu = 1$, angewandt auf nichtnegative Funktionen der Klassen I b und II, die außerdem noch reellwertig auf der reellen Achse sind, führt nach n bzw. $n - 1$ Schritten auf unmittelbar zu realisierende adjungierte Funktionen $F_n(p)$ bzw. $F_{n-1}(p)$. Da ferner jeder Schritt von $F_{\nu+1}(p)$ zu $F_\nu(p)$ des inversen Algorithmus durch positive Schaltelemente und die nichtnegative reelle Funktion $F_{\nu+1}(p)$ zu realisieren ist, gewinnt man ein sehr einfaches Realisierungsverfahren für die nichtnegativen reellen Funktionen der Klassen I b und II. Es sei an dem Fall $K = 1$, $\varepsilon = -1$, $p_\nu = 1$ ($\nu = 0, 1, \ldots, n - 1$) erläutert.

In diesem Fall folgt mit $F_{\nu+1}(p) = \overline{F_{\nu+1}(p)}$ für $p = \bar{p}$ aus (17):

Wird $A_\nu > 0$ ($\nu = 0, 1, 2, \ldots, n - 1$) beliebig vorgegeben, und ist $F_{\nu+1}(p)$ eine nichtnegative reelle Funktion, so ist

$$F_\nu(p) = \frac{A_\nu p + A_\nu F_{\nu+1}(p)}{1 + p\,F_{\nu+1}(p)} \tag{78}$$

eine auf der reellen Achse reelle Funktion, die für $\operatorname{Re} p > 0$ regulär ist und dort positiven Realteil besitzt. Ferner nimmt sie für $p = 1$ den vorgeschriebenen Wert A_ν an.

Die dem genannten Fall entsprechenden Funktionen der Klasse I b erhält man durch Anwendung von (78) auf $F_n(p) \equiv A_n > 0$ als Ausgangsfunktion für $\nu = n - 1, \ldots, 1, 0$. Die entsprechenden Funktionen der Klasse II erhält man durch Anwendung von (78) sowohl auf $F_n(p) = 0$ als auch auf $F_n(p) = A_n/p$, $A_n > 0$.

Der im folgenden mitgeteilte Satz gestattet, die ν-te adjungierte Funktion $F_\nu(p)$ ($\nu = n - 1, n - 2, \ldots, 0$) ohne Bestimmung weiterer adjungierter Funktionen sofort anzugeben.

Ist (A_k) ($k = n, n - 1, \ldots, \nu + 1, \nu$) eine vorgegebene Folge positiver Zahlen, und sind die Größen $\alpha_\nu(p)$, $\beta_\nu(p)$, $\gamma_\nu(p)$, $\delta_\nu(p)$ durch die Matrizengleichung

$$\left\| \begin{matrix} \alpha_\nu & \beta_\nu \\ \gamma_\nu & \delta_\nu \end{matrix} \right\| = \left\| \begin{matrix} A_\nu & A_\nu p \\ p & 1 \end{matrix} \right\| \cdot \left\| \begin{matrix} A_{\nu+1} & A_{\nu+1} p \\ p & 1 \end{matrix} \right\| \cdots \left\| \begin{matrix} A_{n-1} & A_{n-1} p \\ p & 1 \end{matrix} \right\| \cdot \left\| \begin{matrix} A_n & 0 \\ 0 & 1 \end{matrix} \right\| \tag{79}$$

gegeben, so gewinnt man die adjungierten Funktionen der Klasse I aus

$$F_\nu(p) = \frac{\alpha_\nu + \beta_\nu}{\gamma_\nu + \delta_\nu} \qquad (\nu = n - 1, n - 2, \ldots, 0). \tag{80}$$

Die adjungierten Funktionen der Klasse II erhält man aus (80) und (79) mit $A_n = 0$ und außerdem mit $F_n(p) = A_n/p$ ($A_n > 0$) aus

$$\left\|\begin{matrix} \alpha_\nu & \beta_\nu \\ \gamma_\nu & \delta_\nu \end{matrix}\right\| = \left\|\begin{matrix} A_\nu & A_\nu p \\ p & 1 \end{matrix}\right\| \cdot \left\|\begin{matrix} A_{\nu+1} & A_{\nu+1}p \\ p & 1 \end{matrix}\right\| \cdots \left\|\begin{matrix} A_{n-1} & A_{n-1}p \\ p & 1 \end{matrix}\right\| \cdot \left\|\begin{matrix} A_n & 0 \\ 0 & p \end{matrix}\right\| \tag{81}$$

mit (80).

Bildet man mit $A_n \geqq 0$, $A_{n-1} > 0$ nach (78) $F_{n-1}(p)$, so folgt

$$F_{n-1}(p) = \frac{A_{n-1}A_n + A_{n-1}p}{1 + A_n p} . \tag{82}$$

Bestimmt man die Größen α_{n-1}, β_{n-1}, γ_{n-1} und δ_{n-1} aus dem Matrizenprodukt (79) für $\nu = n - 1$, so erkennt man, daß (82) in der Form (80) geschrieben werden kann, woraus die Richtigkeit des ersten Teiles der Behauptung für $\nu = n - 1$ folgt. Nimmt man zum Zwecke des Induktionsschlusses an, daß

$$F_{\nu+1}(p) = \frac{\alpha_{\nu+1} + \beta_{\nu+1}}{\gamma_{\nu+1} + \delta_{\nu+1}}$$

mit

$$\left\|\begin{matrix} \alpha_{\nu+1} & \beta_{\nu+1} \\ \gamma_{\nu+1} & \delta_{\nu+1} \end{matrix}\right\| = \left\|\begin{matrix} A_{\nu+1} & A_{\nu+1}p \\ p & 1 \end{matrix}\right\| \cdot \left\|\begin{matrix} \alpha_{\nu+2} & \beta_{\nu+2} \\ \gamma_{\nu+2} & \delta_{\nu+2} \end{matrix}\right\|$$

gilt, so folgt aus (78), daß sich $F_\nu(p)$ in der Form (80) mit

$$\alpha_\nu = A_\nu \alpha_{\nu+1} + A_\nu \gamma_{\nu+1}p$$
$$\beta_\nu = A_\nu \beta_{\nu+1} + A_\nu \delta_{\nu+1}p$$
$$\gamma_\nu = \alpha_{\nu+1}p + \gamma_{\nu+1}$$
$$\delta_\nu = \beta_{\nu+1}p + \delta_{\nu+1}$$

schreiben läßt. Es gilt also auch

$$\left\|\begin{matrix} \alpha_\nu & \beta_\nu \\ \gamma_\nu & \delta_\nu \end{matrix}\right\| = \left\|\begin{matrix} A_\nu & A_\nu p \\ p & 1 \end{matrix}\right\| \cdot \left\|\begin{matrix} \alpha_{\nu+1} & \beta_{\nu+1} \\ \gamma_{\nu+1} & \delta_{\nu+1} \end{matrix}\right\| . \tag{83}$$

Für die mit $A_n = 0$ noch nicht erfaßten adjungierten Funktionen der Klasse II gilt nach (78) für $\nu = n - 1$

$$F_{n-1}(p) = \frac{A_{n-1}A_n + A_{n-1}p^2}{(1 + A_n)\,p}$$

in Übereinstimmung mit (81) für $\nu = n - 1$ und (80). Außerdem gilt (83).

Die Realisierung der Elemente $F_0(p)$ der genannten Funktionenklassen geschieht in der Weise, daß man zuerst mittels des Algorithmus die adjungierten Funktionen $F_\nu(p)$ ($\nu = 1, 2, \ldots, n$) bestimmt. Damit sind auch die adjungierten Parameter $A_\nu = F_\nu(1)$ gegeben. Ferner ist die Realisierung von $F_n(p)$ bzw. $F_{n-1}(p)$ im Falle $F_n(p) = 0$ bei Klasse II bekannt.

Werden zwecks Induktionsschluß die Realisierungen von $F_{\nu+1}(p)$ und $F_{\nu+1}^{-1}(p)$ als bekannt vorausgesetzt, so erkennt man die Darstellung von $F_\nu(p)$ gemäß Abb. 23 durch die folgende Umformung von (78):

$$F_\nu(p) = \cfrac{1}{\cfrac{1}{A_\nu p + A_\nu F_{\nu+1}(p)} + \cfrac{1}{\cfrac{A_\nu}{F_{\nu+1}(p)} + \cfrac{A_\nu}{p}}} \, .$$

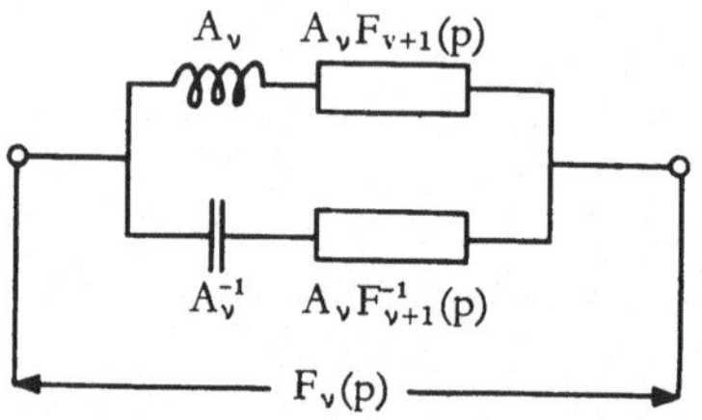

Abb. 23

Entsprechend läßt sich die Realisierung von $F_\nu^{-1}(p)$ gemäß Abb. 24 auf die Realisierungen von $F_{\nu+1}(p)$ und $F_{\nu+1}^{-1}(p)$ zurückführen wegen

$$F_\nu^{-1}(p) = \cfrac{1}{\cfrac{1}{\cfrac{1}{A_\nu p} + A_\nu^{-1} F_{\nu+1}(p)} + \cfrac{1}{A_\nu^{-1} F_{\nu+1}^{-1}(p) + A_\nu^{-1} p}} \, .$$

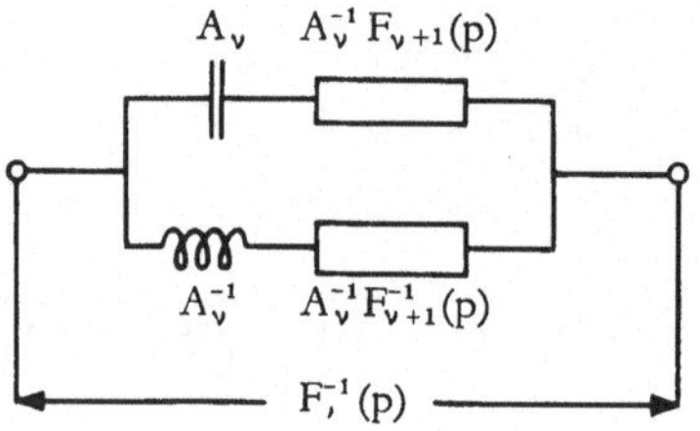

Abb. 24

Damit ist das Syntheseverfahren durch vollständige Induktion bewiesen. Die Zurückführung der Realisierung von $F_{\nu-1}(p)$ bzw. $F_{\nu-1}^{-1}(p)$ auf die von $F_\nu(p)$ geschieht in der gleichen Weise, so daß man durch Iteration des Verfahrens zur Realisierung von $F_0(p)$ gelangt.

Es sei noch angemerkt, daß die Realisierung von $A F(p)$ $(A > 0)$ aus der von $F(p)$ unmittelbar folgt, indem man die Ohmschen Widerstände und die Induktivitäten mit A multipliziert und die Kapazitäten mit A^{-1}.

Eine Zusammenstellung der neueren Entwicklungslinien und Literatur der Zweipolsynthese wurde an anderer Stelle bereits mitgeteilt [43]. Das Problem der Realisierbarkeitskriterien für die Zweipolsynthese unter Berücksichtigung der Verluste wurde gesondert behandelt und gelöst [45, 46, 47].

3.5 Über Realisierbarkeitsdiagramme für Frequenzcharakteristiken

Im allgemeinen werden die Frequenzcharakteristiken elektrischer Netzwerke durch ihre funktionentheoretischen Eigenschaften charakterisiert. Eine andere Kennzeichnung von besonders praktischer Bedeutung ist die Angabe von zulässigen Variabilitätsbereichen der Koeffizienten.

Das Polynom mit reellen Koeffizienten

$$f_n(p) = a_0 p^n + a_1 p^{n-1} + \cdots + a_{n-1} p + a_n$$

ist dann und nur dann ein Hurwitzpolynom, wenn für die Koeffizienten die folgende Darstellung gilt [26, 48]:

$$
\begin{aligned}
a_0 &= R_0 \\
a_1 &= R_1 \\
a_k &= R_s \sum_{m_1 = s+2}^{n-k+s+2} \frac{R_{m_1}}{R_{m_1-2}} \sum_{m_2 = m_1+2}^{n-k+s+4} \frac{R_{m_2}}{R_{m_2-2}} \cdots \sum_{m_i = m_{i-1}+2}^{n} \frac{R_{m_i}}{R_{m_i-2}}
\end{aligned}
\tag{84}
$$

mit

$$
\begin{aligned}
2s &= 1 - (-1)^k & (k = 2, 3, \ldots, n) \\
\operatorname{sgn} R_\nu &= \operatorname{sgn} a_0 & (\nu = 0, 1, 2, \ldots, n) \\
m_0 &= s.
\end{aligned}
$$

Der Beweis folgt mit Hilfe der expliziten Darstellung der nichtnegativen Funktionen der Klasse II und kann auch aus dem Routhschen Schema hergeleitet werden. Die Parameter R_ν sind mit den Routhschen Probefunktionen identisch. Die Parameterdarstellung (84) läßt sich nach Umordnen der Summanden auch in der folgenden Form schreiben:

$$
\begin{aligned}
a_0 &= R_0 \\
a_1 &= R_1 \\
a_k &= R_s \sum_{m_1 = k}^{n} \frac{R_{m_1}}{R_{m_1-2}} \sum_{m_2 = k-2}^{m_1-2} \frac{R_{m_2}}{R_{m_2-2}} \cdots \sum_{m_i = s+2}^{m_{i-1}-2} \frac{R_{m_i}}{R_{m_i-2}}
\end{aligned}
\tag{85}
$$

mit

$$
\begin{aligned}
2s &= 1 - (-1)^k & (k = 2, 3, \ldots, n) \\
\operatorname{sgn} R_\nu &= \operatorname{sgn} a_0 & (\nu = 0, 1, 2, \ldots, n) \\
m_0 &= n + 2.
\end{aligned}
$$

$f_n(p)$ hat bei der Normierung $a_0 > 0$ nach [26] dann und nur dann r Wurzeln mit negativem Realteil und $m = \frac{1}{2}(n-r)$ Wurzelpaare, deren Elemente symmetrisch zum Nullpunkt liegen, wenn für die Hurwitzdeterminanten gilt:

$$
\begin{aligned}
H_k &> 0 & k &= 1, 2, \ldots, r \\
H_k &= 0 & k &= r+1, r+2, \ldots, n.
\end{aligned}
\tag{86}
$$

Wegen des Zusammenhangs der Frequenzcharakteristik elektrischer Netzwerke mit zwei Widerstandsarten und Hurwitzpolynomen nach (27) folgt aus (85) mit (86) und $R_\nu = H_\nu H_{\nu-1}^{-1}$ eine Parameterdarstellung der Koeffizienten für die Realisierbarkeitsgrenze elektrischer Netzwerke mit zwei Widerstandsarten. Wir erläutern das Verfahren an einem Beispiel. Aus (85) erhält man für $n = 5$:

$$
\begin{aligned}
a_0 &= R_0 \\
a_1 &= R_1 \\
a_2 &= R_0 \left[\frac{R_2}{R_0} + \frac{R_3}{R_1} + \frac{R_5}{R_3} \right] \\
a_3 &= R_1 \left[\frac{R_3}{R_1} + \frac{R_5}{R_3} \right] \\
a_4 &= R_0 \frac{R_5}{R_3} \left[\frac{R_2}{R_0} + \frac{R_3}{R_1} \right] \\
a_5 &= R_5, \quad R_\nu > 0.
\end{aligned}
\tag{87}
$$

Normiert man durch Division und Tschirnhausentransformation $a_1 = 1$ und $a_5 = 1$, so folgt aus (87):

$$
\begin{aligned}
a_2 &= a_4 R_3 + \frac{a_0}{R_3} \\
a_3 &= R_3 + \frac{1}{R_3} \quad \text{mit} \quad R_3 > 0.
\end{aligned}
\tag{88}
$$

Es ist $a_4 > a_0$, wegen $R_2/R_3 = a_4 - a_0$.

Ist die Impedanz eines Zweipols einer der drei Klassen (27) vorgegeben, so sind die Koeffizienten des Zähler- bzw. Nennerpolynoms die Koeffizienten des geraden bzw. ungeraden Teils des zugeordneten Hurwitzpolynoms oder umgekehrt. Für ein $F(p)$ aus der RC-Klasse erhält man z. B. aus

$$
F(p) = \frac{a_1 p^2 + a_3 p + a_5}{a_0 p^3 + a_2 p^2 + a_4 p}
$$

das Hurwitzpolynom

$$
f_5(p) = a_0 p^5 + a_1 p^4 + a_2 p^3 + a_3 p^2 + a_4 p + a_5.
$$

Um mittels der Parameterdarstellung (88) die Realisierbarkeitsbereiche zu ermitteln, wird durch die Transformation

$$
p = \left(\frac{a_5}{a_1} \right)^{\frac{1}{4}} \cdot x
$$

das Hurwitzpolynom normiert:

$$
f_5(x) = a_0' x^5 + x^4 + a_2' x^3 + a_3' x^2 + a_4' x + 1
$$

78

mit

$$a'_k = \frac{a_k}{a_5}\left(\frac{a_5}{a_1}\right)^{\frac{5-k}{4}} \qquad (k = 0, 2, 3, 4). \tag{89}$$

Für $a'_0 = 1{,}5$ erhält man z. B. aus (88) die Grenzkurvenschar in Abb. 25.

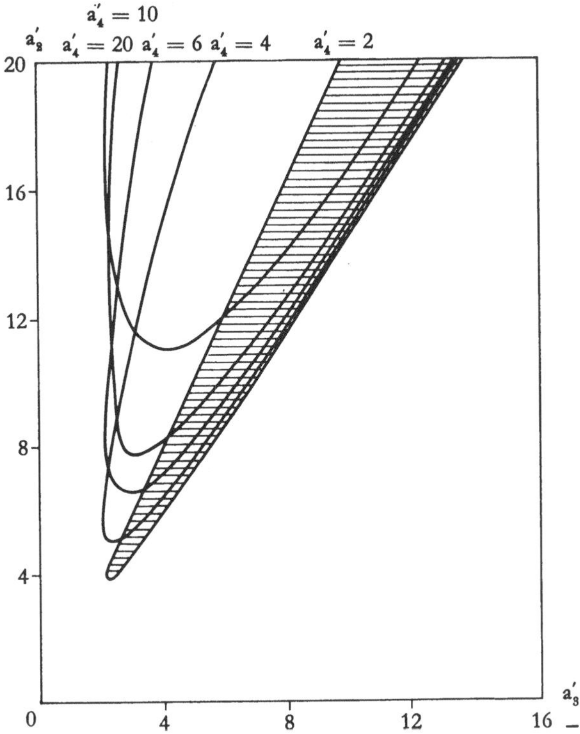

Abb. 25   Realisierbarkeitsbereich einer RC-Impedanz

Der Variabilitätsbereich der Koeffizienten a'_2 und a'_3 der RC-Impedanz

$$F(p) = \frac{p^2 + a'_3 p + 1}{1{,}5\,p^3 + a'_2 p + 2\,p}$$

ist in Abb. 25 durch Schraffieren gekennzeichnet. Im allgemeinen ist noch zur Umrechnung der gestrichenen in die ungestrichenen Größen die Beziehung (89) zu benutzen.

Der Zusammenhang der Realisierbarkeitsgrenzflächen für Klassen der Frequenzcharakteristiken elektrischer Netzwerke mit den Stabilitätsgrenzflächen selbsttätiger Regelungssysteme ist an anderer Stelle dargestellt [49, 50, 51, 52].

Prof. Dr. HUBERT CREMER

Dr. FRIEDRICH HEINZ EFFERTZ

Dr. KARL HERMANN BREUER

Literaturverzeichnis

[1] CAUER, W., Die Verwirklichung von Wechselstromwiderständen vorgeschriebener Frequenzabhängigkeit, Arch. Elektrotechn. 17 (1927), 355 (Dissertation); Über Funktionen mit positivem Realteil, Math. Ann. 106 (1932), 369; Theorie der linearen Wechselstromschaltungen, 2. Aufl., Akad. Verlag, Berlin 1954.

[2] OONO, Y., Synthesis of a Finite 2n-terminal Network by a Group of Networks each of which contains only One Ohmic Resistance, J. Math. Phys. 29 (1950), 13; J. I. E. E. 29 (1946), 82.

[3] BAYARD, M., Synthesis of Passive Networks with Any Number of Pairs of Terminals, Given Their Impedance or Admittance Matrices, Bull. Soc. Tranc. Elec. 9 (1949), 497.

[4] LEROY, R., Synthese des réseaux passifs a n-paires de bornes, Câbles & Trans. 4 (1950), 234.

[5] BELEVITCH, V., Synthese des réseaux électriques passifs a n-paires de bornes de matrice de repartition prédetermince, Ann. des Telecom. 6 (1951), 302.

[6] McMILLAN, B., Introduction to Formal Realizability Theory, Bell. Syst. Techn. J. 31 (1952), 217, 541.

[7] TELLEGEN, B. D. H., Synthesis of 2n-Poles by Networks Containing the Minimum Number of Elements, J. Math. Phys. 32 (1953), 1.

[8] BRUNE, O., Synthesis of a Finite Two-Terminal Network Whose Driving-Point Impedance is a Prescribed Function of Frequency, J. Math. Phys. 10 (1931), 191.

[9] PILOTY, H., Wellenfilter, insbesondere symmetrische und antimetrische, mit vorgeschriebenem Betriebsverhalten, Telegraphen-, Fernspr.-, Funk- und Fernseh-Technik 28 (1939), 363; Über die Realisierbarkeitssätze der Kettenmatrix von Reaktanzvierpolen, Telegraphen-, Fernspr.-, Funk- und Fernseh-Technik 30 (1941), Nr. 8.

[10] CARATHÉODORY, C., Über die Variabilitätsbereiche der Koeffizienten von Potenzreihen, die gegebene Werte nicht annehmen, Math. Ann. 64 (1907), 95; Über den Variabilitätsbereich der Fourierschen Konstanten von positiven harmonischen Funktionen, Rend. Circ. Mat. Palermo 32 (1911), 193.
CARATHÉODORY, C., und L. FEJÉR, Über den Zusammenhang der Extremen von harmonischen Funktionen mit ihren Koeffizienten und über den Picard-Landauschen Satz, Rend. Circ. Mat., Palermo 32 (1911), 218.

[11] TOEPLITZ, O., Zur Transformation der Scharen bilinearer Formen von unendlich vielen Veränderlichen, Nachr. Ges. Wiss. Göttingen, Math. Phys. Kl. (1907), 110; Zur Theorie der quadratischen Formen von unendlich vielen Veränderlichen, Nachr. Ges. Wiss. Göttingen, Math. Phys. Kl. (1910), 489; Über die Fouriersche Entwicklung positiver Funktionen, Rend, Circ. Mat., Palermo, 32 (1911), 191.

[12a] EFFERTZ, F. H., Beschränkte Funktionen, Frequenzcharakteristiken elektrischer Netzwerke und algebraische Stabilitätskriterien, Z. a. M. M. 33 (1953), 281.

[12b] EFFERTZ, F. H., Funktionen mit positivem Realteil und Hurwitzpolynome in der Theorie der linearen Wechselstromschaltungen und Regelungssysteme, Proc. of the Intern. Math. Congress, Amsterdam 1954.

[13] FOSTER, R. M., A Reactance Theorem, Bell Syst. Techn. J. 3 (1924), 259.

[14] EFFERTZ, F. H., On the Synthesis of Networks Containing Two Kinds of Elements, Proc. Symp. Mod. Netw. Synthesis (1955), 145.

[15] EFFERTZ, F. H., und K. H. BREUER, Ein Algorithmus und ein Klassifikationsprinzip für Funktionen mit nichtnegativem Realteil, Math. Ann. 138 (1959), 335–341.

[16] FIALKOW, A., und I. GERST, Impedance Synthesis Without Minimization, J. Math. Phys. 34 (1955), 160.

[17] BOTT, R., und R. J. DUFFIN, Impedance Synthesis Without Use of Transformers, J. Appl. Phys. 20 (1949), 816.

[18] RICHARDS, P. I., A Special Class of Functions with Positive Real Part in a Half-Plane, Duke Math. J. 14 (1947), 777.

[19] SCHUR, J., Über Potenzreihen, die im Innern des Einheitskreises beschränkt sind, J. f. Math. 147 (1917), 205; 148 (1918), 122.

[20] CAUER, W., Frequenzweichen konstanten Betriebswiderstandes, Elektr. Nachr. Techn. 16 (1939), 96.

[21] TELLEGEN, B. D. H., The Synthesis of Passive Two-Poles by means of Networks Containing Gyrators, Philips Research Reports 4 (1949), 31.

[22a] HURWITZ, A., Über Bedingungen, unter welchen eine Gleichung nur Wurzeln mit negativen reellen Teiles besitzt, Math. Ann. 46 (1895), 273.

[22b] EFFERTZ, F. H., Ein Verfahren zur Berechnung der Stabilitätskriterien bei Voraussetzung positiver Koeffizienten der charakteristischen Gleichung, Z. angew. Math. Mech. 37 (1957), 487.

[22c] EFFERTZ, F. H., Ein Rechenverfahren für die Stabilitätsbedingungen, Regelungstechnik, S. 368–371, Verlag Oldenbourg, München 1957.

[22d] EFFERTZ, F. H., Über ein Kriterium für eine Klasse monotoner dynamischer Systeme, Regelungstechnik, S. 248/249, Verlag Oldenbourg, München 1957.

[23] REZA, F. M., Use of the Derivation in Electrical Research, Lab. of Electronics, M. I. T. (1953), 57.

[24] BÜCKNER, H., A Formular For an Integral Occuring in the Theory of Linear Servomechanisms, Quart. Appl. Math. 10 (1952), 205.

[25] ROUTH, E. J., A treatise on the stability of a given state of motion, London 1877, 74.

[26] CREMER, H., und F. H. EFFERTZ, Über die algebraischen Kriterien für die Stabilität von Regelungssystemen, Math. Ann. 137 (1959), 328–350.

[27] CREMER, H., Über den Zusammenhang zwischen den Routhschen und Hurwitzschen Stabilitätskriterien, ZAMM 25/26 (1947), 160.

[28] SCHUR, J., Über die algebraischen Gleichungen, die nur Wurzeln mit negativen Realteilen besitzen, ZAMM 1 (1921), 307.

[29] ZIEGLER, J. G., und N. B. NICHOLS, Optimum Settings for Automatic Controllers, Transact. Amer. Soc. Mech. Eng. 64 (1942), 759; Process Lags in Automatic Control Circuits, Transact. Amer. Soc. Mech. Eng. 65 (1943), 435.

[30] HAZEBROEK, P., und B. L. VAN DER WAERDEN, Theoretical Considerations on the Optimum Adjustment of Regulators, Transact. Amer. Soc. Mech. Eng. 72 (1950), 309; The Optimum Adjustment of Regulators, Transact. Amer. Soc. Mech. Eng. 72 (1950), 317.

[31] REZA, F. M., Synthesis Without Ideal Transformers, J. Appl. Phys. 25 (1954), 807; Conversion of a Brune Cycle with an Ideal Transformer into a Cycle Without an Ideal Transformer, J. Math. Phys. 33 (1954), 194; Synthesis of One Terminal-Pair Passive Networks Without Ideal Transformers, Proc. I. R. E. 42 (1954), 349.

[32] BELEVITCH, V., On the Bott-Duffin Synthesis of Driving-Point Impedance, Transact. I. R. W., C. T. 1 (1954), 68.

[33] REZA, F. M., A Bridge Equivalent for a Brune Cycle Terminated in an Resistor, Proc. I. R. E. 42 (1954), 1321; Conversion of a Brune Cycle with an Ideal Transformer into a Cycle Without an Ideal Transformer, Transact. I. R. E., C. T. 1 (1954), 41.

[34] FIALKOW, A., und I. GERST, Impedance Synthesis Without Mutual Coupling, Quart. Appl. Math. 12 (1955), 420.

[35] PANTELL, R. H., A New Method of Driving-Point Impedance Synthesis, Proc. I. R. E. 42 (1954), 861.

[36] FIALKOW, A., und I. GERST, Impedance Synthesis Without Minimization, J. Math. Phys. 34 (1955), 160.

[37] MIYATA, F., A New System of Two-Terminal Synthesis, Transact. I. R. E., C. T. 2 (1955), 297.

[38] KUH, E. S., Special Synthesis Techniques for Driving-Point Impedance Functions, Transact. I. R. E., C. T. 2 (1955), 302.

[39] MARDEN, M., The Geometry of the Zeros, Americ. Math. Soc. New York, 1949, S. 94.

[40] LEWIS, F. M., Complexity of Grounded Networks Having Zeros of Transmissim in the Right Half-Plane, Quart. Prog. Rep. April 1955, S. 99, Research Laboratory of Electrinics M. I. T.

[41] SCHOENBERG, I. J., On the Zeros of the Generating Functions of Multiply Positive Sequences and Functions, Ann. Math. 62 (1955), 450.

[42] GUILLEMIN, E. A., New Methods of Driving-Point and Transfer Impedance Synthesis, Proc. Symp. Mod. Netw. Synthesis 5 (1955), 119.

[43] EFFERTZ, F. H., Driving-Point Function Synthesis, in: CAUER, W., Synthesis of Linear Communications Networks, Vol. II, p. 817–823, McGraw Hill, New York 1958.

[44] EFFERTZ, F. H., Darstellung der quadratischen Regelfläche als Funktion der Routhschen Probefunktionen und der Anfangswerte des Regelungssystems, Regelungstechnik, S. 298, Verlag Oldenbourg, München 1957.

[45] EFFERTZ, F. H., und W. MEUFFELS, Über Realisierbarkeitsbedingungen für die Impedanzfunktionen zweipoliger elektrischer Netzwerke unter Berücksichtigung der Verluste von Spulen und Kondensatoren, Archiv f. Elektrotechnik 45 (1960), 418–428.

[46] EFFERTZ, F. H., und W. MEUFFELS, Über das Koeffizientenproblem der rationalen Funktionen mit positivem Realteil, Archiv der Mathematik 12 (1961), 51–60.

[47] CREMER, H., F. H. EFFERTZ und W. MEUFFELS, Über Realisierbarkeitskriterien für die Synthese zweipoliger elektrischer Netzwerke mit vorgeschriebener Frequenzabhängigkeit, Westdeutscher Verlag, Köln und Opladen 1963.

[48] EFFERTZ, F. H., Zur Konstruktion der logarithmischen Wurzel- und Phasenwinkel-Ortskurven von Regelungssystemen, Regelungstechnik, S. 284, Verlag Oldenbourg, München 1957.

[49] EFFERTZ, F. H., Über eine Parameterdarstellung für die Stabilitätsgrenzflächen und über Stabilitätsprüfung harmonisch linearisierter Systeme mittels Cremer-Leonhardscher Ortskurvenscharen, Regelungstechnik, S. 152, Verlag Oldenbourg, München 1957.

[50] EFFERTZ, F. H., und K. H. BREUER, Über ein Klassifikationsprinzip für die Frequenzcharakteristiken elektrischer Netzwerke und Parameterdarstellungen für

die Stabilitätsgrenzflächen von Regelungssystemen, Physikalische Verhandlungen 8 (1957), S. 62.

[51] EFFERTZ, F. H., On the relation between the stability boundary surfaces of linear and nonlinear servomechanisms and the realizability boundary surfaces of some classes of frequency characteristics of electrical networks, in: W. CAUER, Synthesis of linear communication networks, Vol. II, p. 840–856.

[52] EFFERTZ, F. H., und F. KOLBERG, Einführung in die Dynamik selbsttätiger Regelungssysteme, S. 275–290, VDI-Verlag, Düsseldorf 1963.

FORSCHUNGSBERICHTE
DES LANDES NORDRHEIN-WESTFALEN

Herausgegeben im Auftrage des Ministerpräsidenten Dr. Franz Meyers
von Staatssekretär Prof. Dr. h. c. Dr.-Ing. E. h. Leo Brandt

ELEKTROTECHNIK · OPTIK

HEFT 265
Prof. Dr. phil. Fritz Micheel und Dr. rer. nat. Rico Engel, Organisch-Chemisches Institut der Universität Münster
Eine Apparatur zur elektrophoretischen Trennung von Stoffgemischen
1956. 27 Seiten, 21 Abb. DM 9,20

HEFT 276
E. Haage, Mülheim/Ruhr
Entwicklungsarbeiten im Apparatebau für Laboratorien
1956. 36 Seiten, 18 Abb. DM 10,50

HEFT 309
Prof. Dr. phil. Kurt Cruse, Dipl.-Phys. Benno Ricke und Dipl.-Phys. Reinhard Huber, Physikalisch-chemisches Institut der Bergakademie Clausthal-Zellerfeld
Aufbau und Arbeitsweise eines universell verwendbaren Hochfrequenz-Titrationsgerätes
1956. 40 Seiten, 29 Abb. DM 11,90

HEFT 310
Dr. rer. nat. Paul Friedrich Müller, Bonn
Die Integrieranlage des Rheinisch-Westfälischen Instituts für Instrumentelle Mathematik in Bonn
1956. 54 Seiten, 6 Abb., 31 Schaltskizzen. DM 14,45

HEFT 331
Dipl.-Ing. Georg Bretschneider, Studiengesellschaft für Höchstspannungsanlagen e. V., Ruit
Die Messung der wiederkehrenden Spannung mit Hilfe des Netzmodelles
1956, 37 Seiten, 21 Abb., 2 Tabellen. DM 11,20

HEFT 341
Prof. Dr.-Ing. Helmut Winterhager und Dipl.-Ing. Leo Werner, Aachen
Präzisions-Meßverfahren zur Bestimmung des elektrischen Leitvermögens geschmolzener Salze
1956. 36 Seiten, 19 Abb., 1 Tabelle. DM 10,60

HEFT 403
Prof. Dr.-Ing. Paul Denzel und Dipl.-Ing. Wilhelm Cremer, Aachen
Verbesserung der Benutzungsdauer der Höchstlast in ländlichen Netzen durch vermehrte Anwendung elektrischer Geräte in der Landwirtschaft
1957. 33 Seiten, 23 Abb. DM 12,10

HEFT 438
Prof. Dr.-Ing. Helmut Winterhager und Dr.-Ing. Leo Werner, Aachen
Bestimmung des elektrischen Leitvermögens geschmolzener Fluoride
1957. 39 Seiten, 18 Abb., 10 Tabellen. DM 11,90

HEFT 440
Dr.-Ing. Hellmuth Wolf, Institut für Hochfrequenztechnik der Rhein.-Westf. Technischen Hochschule Aachen
Gekoppelte Hochfrequenzleitungen als Richtkoppler
1958. 107 Seiten, 44 Abb. DM 31,60

HEFT 513
Prof. Dr. Wilhelm Ludolf Schmitz und Dr. rer. nat. Franz Schmitt, Institut für Röntgenforschung an der Universität Bonn
Die Verwendung des Magnetbandgerätes zur Speicherung des Kurvenverlaufs elektrischer Ströme
1958. 56 Seiten, 35 Abb. DM 17,65

HEFT 520
Prof. Dr.-Ing. Herwart Opitz, Dipl.-Ing. Hans Obrig und Dipl.-Ing. Paul Kips, Laboratorium für Werkzeugmaschinen und Betriebslehre der Rhein.-Westf. Technischen Hochschule Aachen
Untersuchung neuartiger elektrischer Bearbeitungsverfahren
1958. 44 Seiten, 35 Abb., 2 Tabellen. DM 14,70

HEFT 522
Dr.-Ing. Joachim Lorentz, Bonn, und Dr.-Ing. Karlheinz Brocks, Mülheim/Ruhr
Elektrische Meßverfahren in der Geodäsie
1958. 108 Seiten, 49 Abb., 5 Tabellen. DM 28,—

HEFT 523
Dr.-Ing. Klaus Eberts, Duisburg
Entwicklungen einiger Meßverfahren und einer Frequenz- und amplitudenstabilisierten Meßeinrichtung zur gleichzeitigen Bestimmung der komplexen Dielektrizitäts- und Permeabilitätskonstante von festen und flüssigen Materialien im rechteckigen Hohlleiter und im freien Raum bei Frequenzen von 9200 und 33 000 MHz
1958. 122 Seiten, 37 Abb. DM 30,20

HEFT 535
Dr.-Ing. Josef Lennertz, Köln
Einfluß des Ausbaugrades und Benutzungsgrades nachrichtentechnischer Einrichtungen auf die Gesamtwirtschaft
Ausgeführt von 1954 bis 1956 unter Mitarbeit von *Oberpostrat Dipl.-Ing. Friedrich Einbeck*
1958. 265 Seiten, zahlreiche Tabellen. DM 42,—

HEFT 550
Dr. Hans Stephan, Bonn
Elektrisches Standhöhenmeßgerät für Flüssigkeiten
1958. 25 Seiten, 13 Abb., 2 Tabellen. DM 10,10

HEFT 554
Prof. Dr.-Ing. Harald Müller, Elektrowärme-Institut Essen
Untersuchung von Elektrowärmegeräten für Laienbedienung hinsichtlich Sicherheit und Gebrauchsfähigkeit. — Teil II: Temperaturen an und in schmiegsamen Elektrogeräten
1958. 56 Seiten, 18 Abb., 22 Tabellen. DM 16,70

HEFT 596
Dipl.-Ing. Karl-Ernst Hardieck, Regierungsrat beim Deutschen Patentamt in München
Theoretische und experimentelle Untersuchungen der stationären Vorgänge in magnetischen Verstärkern
Ausgeführt am Institut für Starkstromtechnik der Rhein.-Westf. Technischen Hochschule Aachen
1958. 74 Seiten, 58 Abb. DM 20,20

HEFT 605
Ing. Leonhard Bommes, Mönchengladbach
Bestimmung von Leistung und Wirkungsgrad
eines Ventilators
1958. 45 Seiten, 29 Abb., 3 Tabellen. DM 12,60

HEFT 615
Prof. Dr. Walter Weizel und Duk Hyun Whang, Institut für theoretische Physik der Universität Bonn
Stromverteilung auf der Kathode einer Glimment-
ladung in Spalten bei hohen Drucken und abseits
stehender Anode
1958. 28 Seiten, 16 Abb. DM 8,80

HEFT 616
Prof. Dr. Walter Weizel und Wolfgang Ohlendorf, Institut für theoretische Physik der Universität Bonn
Die Glimmentladung in spaltartigen Entladungs-
räumen *1958. 38 Seiten, 18 Abb. DM 10,70*

HEFT 622
Prof. Dr. Walter Franz, Institut für theoretische Physik der Universität Münster
Theorie der Elektronenbeweglichkeit in Halbleitern
1958. 39 Seiten, 9 Abb. DM 10,80

HEFT 642
Dr.-Ing. Hans-Joachim Eckhardt, Elektrowärme-Institut Essen
Leiter: Prof. Dr.-Ing. Harald Müller
Die dielektrische Trocknung bei erniedrigtem Luft-
druck mit Beiträgen zum physikalischen Verhalten
der Mischkörper
1958. 65 Seiten, 5 Abb., 19 Beilagen. DM 17,10

HEFT 663
Dr. Hans-Christian Freiesleben, Gesellschaft zur Förderung des Verkehrs e. V., Düsseldorf
Vergleich von Funkortungsverfahren an Bord von
Seeschiffen *1958. 19 Seiten. DM 6,20*

HEFT 724
Prof. Dr. Gottfried Eckart, Dr. Friedrich Gimmel, Thilo Conrady und Bernd Scherer, Institut für angewandte Physik und Elektrotechnik der Universität des Saarlandes, Saarbrücken
Sonderfragen bei Breitband-Schlitzantennen
1959. 32 Seiten, 3 Abb., 4 Kurvenblätter. DM 9,40

HEFT 756
Prof. Dr.-Ing. Robert Brüderlink und
Dipl.-Ing. Hansjörg Jansen, Institut für Starkstromtechnik der Rhein.-Westf. Technischen Hochschule Aachen
Drehstrom-Gleichstrom-Steuersatz mit Trocken-
gleichrichter in Einwellen- und Zweiwellenanord-
nung *1960. 119 Seiten. DM 35,80*

HEFT 784
Dipl.-Ing. Wilfried Sackmann, Gaswärme-Institut e. V., Essen
Wissenschaftliche Leitung: Prof. Dr.-Ing. Fritz Schuster
Untersuchung elektrischer Aufladungserscheinun-
gen an Gasströmungen
1959. 27 Seiten, 15 Abb. DM 9,—

HEFT 786
Prof. Dr.-Ing. Paul Denzel und
Dr.-Ing. Bernhard v. Gersdorff, Institut für elektrische Anlagen und Energiewirtschaft der Rhein.-Westf. Technischen Hochschule Aachen
Untersuchungen über die Möglichkeit der selekti-
ven Erdschlußerfassung durch Messung des im
Erdseil von Freileitungen fließenden Nullstroms
1959. 72 Seiten, 40 Abb. DM 19,90

HEFT 824
Dr.-Ing. Klaus Lauterjung, Institut für Hochfrequenztechnik der Rhein.-Westf. Technischen Hochschule Aachen
Untersuchung symmetrischer Hochfrequenzlei-
tungen
1960. 74 Seiten, 10 Abb., 1 Tafel. DM 21,50

HEFT 825
Ltd. Reg.-Direktor Dr. Heinz Gabler und
Reg.-Rat Dr. Gerhard Gresky, Deutsches Hydrographisches Institut, Hamburg
Untersuchung örtlicher Rückstrahler auf Schiffen,
vorzugsweise im Grenzwellenbereich, mit dem
Sichtfunkpeiler
1960. 60 Seiten, 50 Abb., 3 Tabellen. DM 18,70

HEFT 836
Dipl.-Met. Heinrich Borchardt, Essen
Physikalisch-technische Grundlagen der meteoro-
logischen Anwendung von Radar nach Erfahrun-
gen mit der Wetterradaranlage des Instituts für
Mikrowellen in der Deutschen Versuchsanstalt für
Luftfahrt e. V., Mülheim (Ruhr)
1960. 139 Seiten, 59 Abb., 4 Tabellen,
4 Tafeln, 5 Bildserien. DM 39,90

HEFT 912
Prof. Dr. rer. techn. Fritz Reutter, Mathematisches Institut der Rhein.-Westf. Technischen Hochschule Aachen
Die nomographische Darstellung von Funktionen
einer komplexen Veränderlichen und damit in
Zusammenhang stehende Fragen der praktischen
Mathematik *1960. 119 Seiten, 4 Abb., 3 Tabellen,*
Anhang mit vielen Abb. DM 35,40

HEFT 1001
Dipl.-Phys. Dr. rer. nat. Günter Langner, Institut für Elektronenmikroskopie an der Medizinischen Akademie, Düsseldorf
Direktor: Prof. Dr. med. H. Ruska
Die Informationsübertragung bei der Mikroskopie
mit Röntgenstrahlen
1961, 125 Seiten, 7 Abb. DM 37,—

HEFT 1033
Dr.-Ing. Gustav-Adolf Kayser, Institut für Elektrische Nachrichtentechnik der Rhein.-Westf. Technischen Hochschule Aachen
Beiträge zur Theorie und Praxis selbsttätiger elek-
trischer Brandmelde-Geber. Teil I
Systematik der Brandmelde-Geber, Prüfung und
Analogiebetrachtung der Temperaturgeber
1961. 86 Seiten, 42 Abb., 14 Tafeln. DM 29,10

HEFT 1095
*Dr.-Ing. Max Brüderlink, Institut für Starkstrom-
technik der Rhein.-Westf. Technischen Hochschule Aachen*
Experimentelle und theoretische Untersuchung der
statischen Frequenztransformationen von 50 auf
150 Hz
1962. 77 Seiten, 57 Abb. DM 62,—

HEFT 1172
*Prof. Dr.-Ing. Volker Aschoff und Dipl.-Ing. Fritz
Droop, Institut für elektrische Nachrichtentechnik der
Rhein.-Westf. Technischen Hochschule Aachen*
Über den Einfluß der elastischen Eigenschaften von
Tonbändern auf die Tonhöhenschwankungen von
Magnettongeräten
1963. 63 Seiten, 33 Abb. DM 29,80

HEFT 1175
*Dipl.-Math. Klaus-Dieter Becker und Dr. rer. nat.
Erhard Meister, Universität Saarbrücken*
Beitrag zur Theorie des Strahlungsfeldes dielek-
trischer Antennen
1963. 43 Seiten, 4 Abb. DM 29,80

HEFT 1176
*Dipl.-Phys. Alexander Wasiljeff,
Universität Saarbrücken*
Breitbandimpedanzstudien an Ringschlitzantennen
im cm-Wellenbereich
1963. 69 Seiten, 57 Abb. DM 45,80

HEFT 1262
*Prof. Dr. Hubert Cremer, Dr. Friedrich-Heinz Effert
und Dr. Karl-Hermann Breuer, Mathematisches Institut
der Rhein.-Westf. Technischen Hochschule Aachen*
Untersuchungen zur Synthese zweipoliger elektrischer Netzwerke

HEFT 1263
*Prof. Dr. Hubert Cremer, Dr. Friedrich-Heinz Effer,
und Wilhelm Meuffels, Mathematisches Institut der
Rhein.-Westf. Technischen Hochschule Aachen*
Über Realisierbarkeitskriterien für die Synthese
zweipoliger elektrischer Netzwerke mit vorgeschriebener Frequenzabhängigkeit
1963. 30 Seiten. DM 17,30

HEFT 1264
*Prof. Dr. Hubert Cremer und Dr. Franz Kolberg,
Mathematisches Institut der Rhein.-Westf. Technischen
Hochschule Aachen*
Der Strömungseinfluß auf den Wellenwiderstand
von Schiffen
In Vorbereitung

HEFT 1276
Dr. Wegesin, Ratingen
Untersuchungen schneller Lichtbogenverlängerun-
gen für die Verwendung in Hochspannungs-
schaltgeräten
1963. 49 Seiten, 27 Abb. DM 24,80

HEFT 1291
*Gerhard Schröder, Rhein.-Westf. Institut für Instru-
mentelle Mathematik Bonn*
Über die Konvergenz einiger Jacobi-Verfahren zur
Bestimmung der Eigenwerte symmetrischer Ma-
trizen
In Vorbereitung

HEFT 1295
*Prof. Dr.-Ing. Max Knoll, Ingolf Ruge und Günter
Stetter, Elektrizitäts-AG., Ratingen*
Teilchenzählung und Dosimetrie mit Silizium-PN-
Sperrschichten

HEFT 1297
*Dr.-Ing. Wolfgang Stammen, Elektrowärme-Institut
Essen*
Bestimmung des Reflexionskoeffizienten von festen
Körpern bei Temperaturstrahlung und Entwick-
lung eines vollständig diffus reflektierenden Ver-
gleichsnormals
In Vorbereitung

HEFT 1306
*Prof. Dr. E. Peschl und Dr. Karl Wilhelm Bauer,
Rhein.-Westf. Institut für Instrumentelle Mathematik
Bonn*
Über eine nichtlineare Differentialgleichung 2. Ord-
nung, die bei einem gewissen Abschätzungsver-
fahren eine besondere Rolle spielt
In Vorbereitung

HEFT 1307
*Dipl.-Math. Jürgen R. Mankopf, Rhein.-Westf. Institut
für Instrumentelle Mathematik Bonn*
Über die periodischen Lösungen der VAN DER
POLschen Differentialgleichung $\ddot{x} + \mu\,(x^2 - 1)
\dot{x} + x = 0$
In Vorbereitung

HEFT 1308
*Heinz Ober-Kassebaum, Rhein.-Westf. Institut für
Instrumentelle Mathematik Bonn*
Über die P-Separation der Schrödinger-Gleichung
und der Laplace-Gleichung in Riemannschen
Räumen
In Vorbereitung

HEFT 1316
*Dr. Franz Kolberg, Institut für Mathematik und
Großrechenanlagen der Rhein.-Westf. Technischen Hoch-
schule Aachen*
Direktor: Prof. Dr. Hubert Cremer
Theoretische Untersuchung des Begegnungs- oder
Überholungsvorganges von Schiffen
In Vorbereitung

HEFT 1317
*Prof. Dr. Hubert Cremer und Dr. Franz Kolberg,
Institut für Mathematik und Großrechenanlagen der
Rhein.-Westf. Technischen Hochschule Aachen*
Zur Stabilitätsprüfung von Regelungssystemen
mittels Zweiortskurvenverfahren
In Vorbereitung

HEFT 1329
Dr.-Ing. Jochen Jees, Lehrstuhl für Nachrichtenverar-
beitung an der Technischen Hochschule Karlsruhe
Katalog normierter Tiefpaßübertragungsfunktio-
nen mit Tschebyscheffverhalten der Impulsantwort
und der Dämpfung
In Vorbereitung

HEFT 1334
Prof. Dr.-Ing. W. Wiechnowski, Dipl.-Ing. R. Schnep-
pendahl und Dipl.-Ing. N. Vormann, im Auftrage von
Prof. Dr.-Ing. E. Flegler, Rogowski-Institut für Elek-
trotechnik der Rhein.-Westf. Technischen Hochschule
Aachen
Untersuchungen an Modellen von Innenbeleuch-
tungsanlagen
In Vorbereitung

Verzeichnisse der Forschungsberichte aus folgenden Gebieten können beim Verlag angefordert werden:
Acetylen/Schweißtechnik – Arbeitswissenschaft – Bau/Steine/Erden – Bergbau – Biologie – Chemie – Eisen-
verarbeitende Industrie – Elektrotechnik/Optik – Energiewirtschaft – Fahrzeugbau/Gasmotoren – Farbe/
Papier/Photographie – Fertigung – Funktechnik/Astronomie – Gaswirtschaft – Holzbearbeitung – Hütten-
wesen/Werkstoffkunde – Kunststoffe – Luftfahrt/Flugwissenschaften – Luftreinhaltung – Maschinenbau –
Mathematik – Medizin/Pharmakologie/NE-Metalle – Physik – Rationalisierung – Schall/Ultraschall – Schiff-
fahrt – Textiltechnik/Faserforschung/Wäschereiforschung – Turbinen – Verkehr – Wirtschaftswissenschaft.

WESTDEUTSCHER VERLAG · KÖLN UND OPLADEN
567 Opladen/Rhld., Ophovener Straße 1–3